Referent: Prof. Dr. E. Schoenberg
Korreferenten: Prof. Dr. Cl. Schaefer
Prof. Dr. W. Steubing

ISBN 978-3-662-26869-8 ISBN 978-3-662-28335-6 (eBook)
DOI 10.1007/978-3-662-28335-6

Gedruckt mit Genehmigung der Naturwissenschaftlichen Fakultät
der Schlesischen Friedrich-Wilhelms-Universität zu Breslau

Aus photographischen Aufnahmen des Jupiter durch fünf Farbfilter am Breslauer 11 m-Spiegel wurde die Helligkeitsverteilung längs des hellen Äquatorstreifens und längs eines dunklen Seitenstreifens für fünf Wellenlängenbereiche abgeleitet. Sie wurden mit den von BARABASCHEFF in drei anderen Spektralbereichen erhaltenen verglichen. — Es zeigt sich, daß der Helligkeitsabfall nach dem Rande mit zunehmender Wellenlänge stärker wird, woraus auf anwachsende Absorption bei größerer Wellenlänge zu schließen ist, entsprechend der Zunahme der Absorptionsbanden im langwelligen Jupiterspektrum. Im dunklen Streifen ist der Abfall geringer als im hellen Streifen. — Sodann wurden bisher unveröffentlichte visuelle Farbfilterbeobachtungen SCHOENBERGS bearbeitet. Aus ihnen, sowie für die genannten acht photographischen Bereiche wurden die Schwächungskoeffizienten bei Vernachlässigung der Streuung abgeleitet. Diese nehmen im allgemeinen mit größerer Wellenlänge zu und sind für den dunklen Streifen kleiner als für den hellen Streifen, während der Verlauf mit der Wellenlänge für beide Streifen sehr ähnlich ist. Aus den für den dunklen Streifen geringeren Schwächungskoeffizienten, der zum mindesten für die langwelligen Strahlen im wesentlichen auf reine Absorption zurückzuführen ist, wird auf höheres Niveau dieses Streifens geschlossen. — Für die verschiedenen Farben zeigt sich ein verschiedener Kontrast zwischen den Streifen. Er nimmt mit zunehmender Wellenlänge ab. Als Folge des verschieden schnellen Abfalls der Helligkeit nach dem Rande des Planeten bei dem dunklen und dem hellen Streifen ändert sich der Kontrast nach dem Rande in dem Sinne, daß er für die kurzwelligen Strahlen geringer wird, für die langwelligen etwas anwächst. — Die visuellen Beobachtungen SCHOENBERGS beziehen sich auf eine andere Epoche (1927 bis 1930). Die hieraus abgeleiteten Schwächungskoeffizienten haben bedeutend größere Werte, aber einen ähnlichen Verlauf wie die aus den photographischen Beobachtungen von 1933 folgenden. Man muß daraus auf eine verschiedene Durchsichtigkeit der Jupiteratmosphäre in den beiden Perioden schließen, was bei dem veränderlichen Aussehen der Planetenoberfläche nicht überrascht.

Einleitung und Problemstellung. Der Zweck dieser Arbeit soll sein, die Helligkeitsverteilung auf der Jupiterscheibe, insbesondere längs des hellen Äquatorstreifens und längs eines dunklen Streifens, wie sie sich aus photographischen Aufnahmen mit verschiedenen Farbfiltern ergibt, festzustellen und aus dieser Helligkeitsverteilung physikalische Schlüsse über die Jupiteratmosphäre und über die Jupiteroberfläche zu ziehen.

Es liegen bisher Untersuchungen dieser Art von E. SCHOENBERG[1]), N. BARABASCHEFF[2]) und N. BARABASCHEFF und B. SEMEJKIN[3]) vor. Die erste Arbeit beruht auf visuellen Beobachtungen ohne Farbfilter am 200 mm-Zeiss-Refraktor mit 3,6 m Brennweite und am 244 mm-Refraktor von FRAUNHOFER mit 4,33 m Brennweite in Dorpat aus den Jahren 1914 bis 1916. Die zweite Arbeit fußt auf photographischen Aufnahmen des Planeten, ebenfalls ohne Filter, am 40zölligen Reflektor der Sternwarte in Simeïs aus dem Jahre 1927, während in der dritten photographische Aufnahmen durch drei Farbfilter am 200 mm-Zeiss-Refraktor in Charkow aus dem Jahre 1933 zugrunde gelegt wurden. Eingehend theoretisch behandelt wurde das Problem durch E. SCHOENBERG in seiner „Theoretischen Photometrie"[4]).

Die Problemstellung ist folgende: Der Planet Jupiter ist von der Sonne beleuchtet und reflektiert einen gewissen Teil dieses Lichtes zur Erde. Wir sehen eine etwa 40 Bogensekunden große Scheibe, die aber nicht gleichmäßig hell erscheint, sondern außer helleren und dunkleren Streifen auch eine Helligkeitsabnahme nach dem Rande aufweist. Eine Erklärung für diese Randverdunkelung wird in der kugelförmigen, genauer rotationsellipsoidischen Gestalt des Jupiterkörpers und der Wirkung seiner Atmosphäre zu suchen sein. Die näher dem Rande zu gelegenen Punkte des Jupiters werden durch den schrägen Einfall der Sonnenstrahlen etwa nach $\cos i$ geringere Lichtmengen erhalten. Durch eine Atmosphäre würden die Randpunkte wegen der größeren Lichtwege dunkler oder heller erscheinen, je nachdem in der Atmosphäre die Absorption oder die Streuung überwiegt. Die Aufgabe einer genauen Photometrie der Jupiteroberfläche müßte es sein, aus der Helligkeitsverteilung das Reflexionsgesetz der Jupiteroberfläche und die Größe der Absorption und Streuung seiner Atmosphäre zu finden.

Ihre strenge Lösung ist äußerst schwierig und erfordert Beobachtungen in vielen Spektralbereichen. Durch meine Aufnahmen in fünf Filtern, diejenigen von BARABASCHEFF in drei anderen Farben und die visuellen, bisher nicht veröffentlichten Beobachtungen von E. SCHOENBERG in fünf Farben, die ich bearbeitet habe, ist es möglich gewesen, die Fetstellung zu treffen, daß die Diffusion in der Jupiteratmosphäre gering ist. Bei ihrer

---

[1]) Photometrische Untersuchungen über Jupiter und das Saturnsystem, Annales Academiae Scientarum Fennicae, Serie A, Tom XVI, Nr. 5 (Helsinki 1921). — [2]) Photographische Photometrie der Jupiterscheibe, Publ. of the Kharkiv Astronomical Observatory, Vol. 3 u. 4 (1933). — [3]) Photographische Photometrie des Planeten Jupiter und Untersuchungen der Jupiter- und Saturnatmosphären, ZS. f. Astrophys. 8, 179, 1934. — [4]) Handbuch der Astrophysik II, 1 1929 u. Enzykl. d. mathem. Wissensch. VI. B 831 1932.

Vernachlässigung konnten die Werte der Transmissionskoeffizienten (Tr. k.) für eine ganze Reihe von Wellenlängen abgeleitet werden. Sie zeigen deutlich die Einwirkung der Absorptionsbanden des Jupiterspektrums im langwelligen Teile desselben. Der Verlauf der Schwächungskoeffizienten der Atmosphäre mit der Wellenlänge ist für den hellen äquatorialen und den nördlichen dunklen Streifen ähnlich. Aber die Lichtschwächung über dem dunklen Streifen ist deutlich geringer als über dem hellen Streifen, woraus man auf ein höheres Niveau des dunklen Streifens schließen muß. Eine genauere Diskussion dieser Schwächungskoeffizienten mit Hilfe der strengen Theorie einer streuenden und absorbierenden Atmosphäre wird einer anderen Arbeit vorbehalten. In dieser Arbeit sollen meine eigenen photographischen und die visuellen Beobachtungen von SCHOENBERG sowie die photographischen Beobachtungen von BARABASCHEFF über die Helligkeitsverteilung bearbeitet und bis zu den obengenannten, für die Physik des Planeten so wichtigen Schlüssen mit Hilfe einer elementaren Theorie diskutiert werden.

Die Formeln zur Berechnung von i, ε und α. Alle Formeln, die eine theoretische Helligkeitsverteilung auf der Jupiterscheibe geben wollen, also theoretische Helligkeiten für einzelne Punkte der Jupiteroberfläche berechnen lassen, enthalten Einfallswinkel i und Reflexionswinkel ε für diese Punkte. Das sind die Winkel zwischen einfallendem und reflektiertem Strahl gegenüber der Normalen. Außerdem wird noch der Phasenwinkel α benutzt. Das ist der Winkel am Zentrum des Planeten zwischen den Richtungen zur Sonne und zur Erde. Er bestimmt bekanntlich den beleuchteten Teil der sichtbaren Planetenscheibe und berechnet sich aus dem Dreieck Sonne—Erde—Planet folgendermaßen:

$$\cos\alpha = \frac{r^2 + \varDelta^2 - R^2}{2\,r\,\varDelta}, \qquad (1)$$

wobei r der Abstand Sonne—Planet, $\varDelta$ der Abstand Erde—Planet, R der Abstand Sonne—Erde ist.

Aus den linearen Koordinaten auf der elliptischen Planetenscheibe, wobei der Anfangspunkt im Mittelpunkt liegt, berechnen sich die Winkel i und ε nach dem Handbuch der Astrophysik II, 1, S. 85 ff. wie folgt.

Gegebene Größen:

u, v planetozentrische lineare Koordinaten der Punkte auf der Planetenscheibe,

a, c Halbachsen des Planeten,

e numerische Exzentrizität des Planeten,

B, L geozentrische sphärische Koordinaten des Planetenzentrums, bezogen auf die Ebene des Jupiteräquators,

B', L' heliozentrische sphärische Koordinaten des Planetenzentrums, bezogen auf die Ebene des Jupiteräquators.

Es werden Hilfsgrößen mit folgender Bedeutung berechnet:

ν, μ reduzierte planetozentrische Breite und Länge der Punkte der Jupiteroberfläche (Abplattung ist berücksichtigt),

φ planetographische Breite (Winkel zwischen Normale und Äquatorebene),

k Lot aus dem Zentrum des Planeten auf eine Tangentialebene zu seiner Oberfläche, die durch das Zentrum der Erde geht,

Q (wie unten angegeben).

Die Gleichungen zur Berechnung von i und ε lauten:

$$\left.\begin{aligned}\cos \nu \sin (\mu - L) &= \frac{u}{a}, \\ \cos \nu \cos (\mu - L) &= -\frac{a \sin B}{k^2} v - \frac{c \cos B}{k} \sqrt{Q}\ ^{1)}, \\ k^2 &= a^2 \sin^2 B + c^2 \cos^2 B, \\ Q &= 1 - \frac{u^2}{a^2} - \frac{v^2}{k^2}, \\ \operatorname{tg} \varphi &= \frac{\operatorname{tg} \nu}{\sqrt{1 - e^2}}, \\ \cos \varepsilon &= -\sin B \sin \varphi - \cos B \cos \varphi \cos (\mu - L), \\ \cos i &= -\sin B' \sin \varphi - \cos B' \cos \varphi \cos (\mu - L'). \end{aligned}\right\} \quad (2)$$

Die Theorie. Für die diffuse Reflexion an der undurchsichtigen festen Oberfläche oder Wolkenoberfläche des Jupiter gibt es eine große Zahl von Formeln, die anwendbar wären. In diesen Formeln ist L die auf die Flächeneinheit senkrecht auffallende Lichtmenge, q die vom Flächenelement ds in der Richtung ε reflektierte Lichtmenge.

Den Beobachtungen an matten Substanzen entspricht am besten die LAMBERTsche Formel:

$$q = \Gamma_1 \cos i \cos \varepsilon \, ds, \qquad (3)$$

wobei $\Gamma_1 = \dfrac{AL}{\pi}$ und A die LAMBERTsche Albedo bedeutet.

---

[1]) Das erste Glied der rechten Seite hat das Minuszeichen und nicht das Pluszeichen, wie irrtümlicherweise im Handbuch der Astrophysik II, 1, S. 87 steht.

Die einfache SEELIGERsche Formel:

$$q = \Gamma_2 \frac{\cos i \cos \varepsilon}{\cos i + \cos \varepsilon} ds, \qquad (4)$$

wobei $\Gamma_2 = \dfrac{L\mu}{\varkappa}$, enthält den Diffusionskoeffizienten μ und den Absorptionskoeffizienten $\varkappa$ der Oberflächenschicht des Körpers.

Eine dritte Formel:

$$q = \Gamma_3 \cos \varepsilon \, ds, \qquad (5)$$

die stets gleichmäßige Helligkeit über die ganze Scheibe gibt, kann als Näherungsformel für Gesetze wie das SEELIGERsche in der Nähe der Opposition ($i = \varepsilon$) gelten, obwohl sie als Gesetz wegen der Unabhängigkeit vom Einfallswinkel i sinnlos ist. Das LAMBERTsche Gesetz zeigt einen stärkeren Helligkeitsabfall nach dem Rande hin.

Die scheinbare Helligkeit eines Punktes ergibt sich aus den genannten Formeln zu

$$h = \frac{q}{ds \cos \varepsilon}. \qquad (6)$$

Es gibt noch eine Reihe komplizierterer Formeln, die von LOMMEL, FESSENKOFF und SCHOENBERG. Sie beruhen auf sehr speziellen Voraussetzungen und berücksichtigen zum Teil die Abhängigkeit des Streuungskoeffizienten μ vom Phasenwinkel α. Da aber der Phasenwinkel sich bei Jupiter nur wenig ändert, können die Beobachtungen keine Entscheidung für dieses oder jenes Gesetz bringen. Ich verzichte daher auf die Anwendung dieser Formeln, die eine Helligkeitsverteilung zwischen dem LAMBERTschen und dem $\cos \varepsilon$-Gesetz ergeben würden. Im übrigen kann schon bei kleinen Unebenheiten der Oberfläche ein Gesetz, das bei Opposition des Planeten streng gilt, bereits wenig außerhalb der Opposition wegen des Schattenwurfs der Unebenheiten der Oberfläche ungültig werden, wodurch die Anwendung eines komplizierten, wenn auch theoretisch gut fundierten Gesetzes illusorisch würde. Ich will deshalb bei der diffusen Reflexion an der atmosphärelosen Jupiteroberfläche nur die drei zuerst genannten Gesetze in Betracht ziehen.

Bei Berücksichtigung einer Atmosphäre über der Jupiteroberfläche mit Streuung und Absorption müßte die Formel von E. SCHOENBERG angewandt werden, die er im Anschluß an eine Theorie von KING über die Diffusion und Absorption des Lichtes in Gasen abgeleitet hat [1]). Die

---

[1]) Handbuch der Astrophysik II, 1, S. 208—225.

Helligkeit eines Elements der Planetenoberfläche setzt sich danach aus drei Komponenten zusammen:

h_1 ist die Helligkeit des durch die Sonne direkt beleuchteten Oberflächenelementes, für welches das Reflexionsgesetz $f(i, \varepsilon)$ der Oberfläche gilt. Die Strahlung wird auf dem Hin- und Rückweg durch die Atmosphäre nach dem Exponentialgesetz geschwächt.

h_2 ist die Helligkeit des Oberflächenelements infolge der diffusen Beleuchtung durch die Atmosphäre. Sie ist auf dem Rückwege durch die Atmosphäre geschwächt.

h_3 stellt die Helligkeit der Atmosphärensäule dar, die sich für den Beobachter auf das Oberflächenelement projiziert.

Die Helligkeit des Oberflächenelements ist dann:

$$J = h_1 + h_2 + h_3$$
$$= J_0 \frac{A_\lambda}{\pi} f(i, \varepsilon) e^{-C_\lambda (\sec i + \sec \varepsilon)} \sec \varepsilon$$
$$+ J_0 \frac{A_\lambda}{2\pi} e^{-C_\lambda \sec \varepsilon} \sec \varepsilon \frac{c_\lambda}{C_\lambda} \Big\{ C_\lambda e^{-C_\lambda} \cdot G[C_\lambda (\sec i - 1)]$$
$$+ \frac{1}{2} \frac{c_\lambda}{C_\lambda} \cdot E(C_\lambda, i) \cdot \Phi(C_\lambda, 0) \Big\},$$
$$+ J_0 \frac{3}{16\pi} (1 + \cos^2 \alpha) \frac{c_\lambda}{C_\lambda} \Big\{ C_\lambda \sec \varepsilon \cdot G[C_\lambda (\sec i + \sec \varepsilon)]$$
$$+ \frac{1}{2} \frac{c_\lambda}{C_\lambda} \cdot E(C_\lambda, i) \cdot \Phi(C_\lambda, \varepsilon) \Big\} \cdot \quad (7)$$

Dabei sind:

J_0 der Betrag der außeratmosphärischen Sonnenstrahlung auf die Einheit der Fläche,

A_λ die Albedo des Oberflächenelements für die gegebene Wellenlänge λ,

C_λ der Schwächungskoeffizient der gesamten Atmosphäre des Planeten für die Wellenlänge λ,

c_λ der Streuungskoeffizient oder Diffusionskoeffizient für die Wellenlänge λ.

Die Funktionen G, E und Φ hängen nur von i, ε und C_λ ab. Sie sind zum Teil recht kompliziert und sind im Handbuch (S. 274—280) nach den Argumenten C, i und ε tabuliert.

Die Formel berücksichtigt die Streuung höherer Ordnung nach der RAYLEIGHschen Formel [Faktor $(1 + \cos^2 \alpha)$] bei der Annahme einer planparallelen Schichtung der Atmosphäre. i und ε dürfen deshalb 80°

nicht überschreiten. Der Schwächungskoeffizient C_λ darf höchstens den Wert 0,90 haben. Größere Werte von i, ε und C_λ werden bei den Messungen auch nicht benötigt.

Der Schwächungskoeffizient C_λ setzt sich aus dem Streuungskoeffizienten c_λ und dem Absorptionskoeffizienten γ_λ additiv zusammen, so daß also

$$C_\lambda = c_\lambda + \gamma_\lambda. \qquad (8)$$

Weiter ist der Transmissionskoeffizient

$$p_\lambda = e^{-C_\lambda} \qquad (9)$$

und

$$c_\lambda = \beta \cdot \lambda^{-4}, \quad \beta = \frac{32}{3} \pi^3 \frac{(n-1)^2 H}{N} = \frac{32}{3} \pi^3 \frac{(n_0-1)^2 N H}{N_0^2}, \qquad (10)$$

wobei die Beziehung $\dfrac{n-1}{n_0-1} = \dfrac{N}{N_0}$ berücksichtigt wurde. n ist der Berechnungsexponent der Atmosphäre, N die Anzahl der Teilchen pro ccm unter den herrschenden Bedingungen, n_0 und N_0 unter Normalbedingungen (0° C und 760 mm Druck), H die Höhe der homogenen Atmosphäre.

Die Formel (7) gilt für Gase oder nicht absorbierende feste Teilchen bis zu Durchmessern von $\tfrac{1}{8}\lambda$. Bis auf die Voraussetzung RAYLEIGHscher Streuung ist die SCHOENBERGsche Theorie ganz allgemein. Sie umfaßt den Fall einer undurchsichtigen Gasatmosphäre (Venus), für die das Reflexionsgesetz an der Oberfläche bedeutungslos wird, weil die Helligkeit für kurzwellige Strahlen im wesentlichen durch die dritte Komponente h_3 bestimmt ist; sie genügt aber auch so durchsichtigen Atmosphären wie derjenigen von Mars, bei der nur in den violetten Strahlen die Streuung bedeutend wird, für die anderen Farben aber die Helligkeit der Oberfläche durch die erste Komponente h_1 bestimmt ist. Die Jupiteroberfläche nimmt, wie der Anblick im Fernrohr lehrt, was die Schärfe der Zeichnung betrifft eine mittlere Stellung zwischen Mars und Venus ein. Deshalb und wegen der geringen Änderung der Phase ist die Anwendung der allgemeinen Theorie bei Jupiter besonders schwierig. Sie ist aber nicht zu umgehen, wenn man die Dichte der Jupiteratmosphäre (LOSCHMIDTsche Zahl) über den Niveaus der hellen und dunklen Streifen und den Unterschied dieser Niveaus bestimmen will.

Praktisch wird man bei einer Atmosphäre wie derjenigen von Jupiter in erster Näherung die Streuung vernachlässigen und die Tr. k. aus der relativen Helligkeit der Punkte mit verschiedenen Lichtwegen in der Atmosphäre, aber von der gleichen Albedo berechnen. Das sind die Punkte innerhalb des äquatorialen hellen Streifens oder diejenigen des nördlichen dunklen Streifens.

Für solche Punkte würde bei Vernachlässigung des zweiten und dritten Gliedes das Verhältnis der Helligkeiten nach Formel (7) und (9) sich in folgender Weise darstellen:

$$\log \frac{h_n}{h_0} + \log \frac{\sec \varepsilon_0}{\sec \varepsilon_n} + \log \frac{f(i_0\,\varepsilon_0)}{f(i_n\,\varepsilon_n)} = \log p\,[(\sec i_n + \sec \varepsilon_n) - (\sec i_0 + \sec \varepsilon_0)]. \quad (11)$$

Mit Hilfe dieser Formel können aus den gemessenen relativen Helligkeiten, den Winkeln und unter Annahme eines Reflexionsgesetzes Transmissionskoeffizienten p_λ und mit Hilfe von Formel (9) Schwächungskoeffizienten C_λ berechnet werden. Mit diesen Näherungswerten von C_λ kann an eine Anwendung der strengen Theorie herangetreten werden.

Die Aufnahmen. Meine photographischen Jupiteraufnahmen wurden am SCHMIDTschen 11 m-Horizontalspiegelteleskop der Breslauer Sternwarte erhalten. Das Spiegelsystem mußte zu diesem Zwecke eingehend justiert werden, was durch Deklinationsbeobachtungen hellerer Sterne, Nivellement und durch Autokollimation geschah, wobei Lichtstrahlen einer im Brennpunkt des Spiegels befindlichen künstlichen Lichtquelle in sich selbst reflektiert wurden. Der Hauptspiegel von 50 cm Öffnung wurde auf 25 cm abgeblendet, da sich bei größerer Öffnung Astigmatismus störend bemerkbar machte. Die Aufnahmen erfolgten auf verschiedenen Plattensorten und mit verschiedenen Farbfiltern. Das reichlich 2 mm große Brennpunktsbild wurde versuchsweise mit einer Negativlinse auf etwa 5 mm vergrößert. Wegen der durch Vergrößerung und die Farbfilter bedingten langen Belichtungszeit wurde jedoch auf vergrößerte Bilder verzichtet, und es wurden nur direkte Brennpunktsbilder benutzt. Die Kassette befand sich in einem Kreuzschlitten, so daß auf einer Platte ganze Reihen von Jupiterbildern erhalten werden konnten. Diese hatten meist sehr verschiedene Belichtungszeiten.

Um von jeder Platte eine gute Schwärzungskurve zu erhalten, wurde auf jeder Platte eine Reihe von Jupiterbildern von gleicher Belichtungszeit durch einen ZEISSschen Graukeil aufgenommen, der vor der Platte lag. Die Schwärzungen der Streifenmittelpunkte dieser „Keilbilder" gaben in Verbindung mit den durch die gegenseitigen Abstände der Keilbilder und durch den Schwächungsgradienten des Keils bestimmten Intensitätsdifferenzen die gewünschten Schwärzungskurven. Die Keilbilder wurden meist ohne Farbfilter aufgenommen, hatten aber dieselbe Belichtungszeit, wie die photometrierten Jupiterbilder der Platte. Von den zahlreichen Platten, die vom 14. März bis 10. Mai 1933, etwas nach der Jupiteropposition (9. März), erhalten wurden, wählte ich zwei Platten, die hinsichtlich der Güte der Bilder, der verwandten Filter und Plattensorte und einer genügenden Anzahl von Keilbildern am geeignetsten erschienen, aus. Es ist dies eine Agfa-Superpan-Platte der damaligen Herstellungsart und eine blauviolettempfindliche Matterplatte, von denen die erste am 21., die zweite am 23. März 1933 benutzt wurde. Auf der Platte „29 Superpan" sind acht brauchbare Keilbilder mit je 24^s Belichtungszeit vorhanden. Für die übrigen Aufnahmen wurde ein SCHOTTsches Gelbfilter und die beiden roten Wrattenfilter 71 A und 70 verwandt. Bei den gelben Aufnahmen haben zwei Aufnahmen zu je 3^s die günstigsten Schwärzungsverhältnisse, während das in der Belichtungszeit besser passende Bild mit 25^s viel zu schwarz ist, um verwertet werden zu können. Da aber zufälligerweise bei dieser Platte die aus den Keilbildern zu 24^s erhaltene Intensitätsschwärzungskurve sich mit der aus Gelbaufnahmen erhaltenen Zeitschwärzungskurve zur völligen Deckung bringen läßt, also mit dieser identisch ist, so konnte ich, obwohl die gelben Bilder eine andere Belichtungszeit haben, auch bei diesen die aus den Keilbildern erhaltene Intensitätsschwärzungskurve verwenden.

Unter den Aufnahmen mit Filter 71 A ist ein Bild zu 24^s sowie je eins zu 22^s und 25^s, die verwertet wurden. Von den Aufnahmen mit Filter 70 wurde ein Bild zu 25^s und zum Vergleich ein Bild zu 30^s photometriert. Die mittlere Zeit der Aufnahme war 1933 März 21 21.14 Uhr W. Z.

Die Platte „39 Matter" enthält fünf brauchbare Keilaufnahmen zu 5^s ohne Filter. Auf der Platte befinden sich außerdem zahlreiche äußerst scharfe Aufnahmen, die mit SCHOTTschem Violettfilter und ebensolchem Blaufilter gemacht worden waren. Es wurden drei Violettbilder zu 5^s und drei Blaubilder zu 5^s zum Photometrieren ausgesucht. Die mittlere Zeit ihrer Aufnahme war 1933 März 25 23.27 Uhr W. Z.

Die Güte der Bilder war an beiden Tagen sehr gut. Sie konnte zwischen den Aufnahmen durch ein seitlich angebrachtes Okular, in welches das Jupiterbild mit Hilfe eines totalreflektierenden Prismas geworfen wurde, kontrolliert werden. Die Brennweite des Spiegels war 1090 cm. Eine Bogensekunde entsprach also 0,0529 mm auf der Platte.

Die Photometrierung. Die Photometrierung der Bilder erfolgte mit dem lichtelektrischen Registrierphotometer von ZEISS. Es wurde mit einer Übersetzung von 1 : 44,2 immer längs des hellen und dunklen Streifens und auch längs des Meridians photometriert. Die Spaltgröße betrug bei

Tabelle 1.

Filter	Nr. des Bildes	Platte	Zeit der Aufnahme Weltzeit 1933	Belichtungs-dauer	Schwärzung	Anzahl der Photometrierungen		
						Mittelstreifen	Seitenstreifen	Meridian
70" rot	1	29 Superpan	März 21 21^{25}	25^s	genügend	3	2	2
70" rot	2		März 21 21^{26}	30	gut	1	—	—
71 A¹ rot	3		März 21 21^{12}	22	gerade genügend	1	—	—
71 A¹ rot	4		März 21 21^{13}	24		3	2	2
71 A¹ rot	5		März 21 21^{14}	25		1	—	—
Gelb	6		März 21 21^{04}	3	gut	2	2	2
Gelb	7		März 21 21^{04}	3	gut	2	1	1
Blau	8	39 Matter	März 25 23^{36}	5	gut	2	2	1
Blau	9		März 25 23^{36}	5	gut	1	1	1
Blau	10		März 25 23^{36}	5	gut	1	1	1
Violett	11		März 25 23^{20}	5	gut	1	1	1
Violett	12		März 25 23^{20}	5	gut	2	1	1
Violett	13		März 25 23^{25}	5	gut	2	1	1

Anwendung des Planarobjektivs 0,115 × 0,083 mm. Das entspricht bei der Spaltbreite 2″,17 und bei der Spaltlänge in der Photometrierrichtung 1″,57 auf der Jupiterscheibe. Der photometrierte nördliche Streifen (Seitenstreifen) war vom hellen Äquatorstreifen (Mittelstreifen) 41″ entfernt, während die Mitte des Äquatorstreifens wegen der Neigung der Äquatorebene von 1,85 ebenfalls noch 0″,6 nördlich der scheinbaren Jupitermitte lag. Die Empfindlichkeit des Photometers war so eingestellt, daß die Ausschläge sowohl für Plattengrund wie für völlige Dunkelheit (Nullage) gerade noch im Registrierbereich lagen. Als Schwärzungen wurden die Quotienten aus den zugehörigen Photometerausschlägen und dem Ausschlag für Plattengrund definiert.

Die Schwärzungskurven und die Untersuchung des Keils. Auf jedem Registrierpapier befinden sich außer der Kurve des jeweils photometrierten Jupiterstreifens, den Ausschlägen für völlige Dunkelheit (Nullmarken) und für den Plattengrund eine ganze Anzahl von Schwärzungsmarken, die durch kurze Photometrierung der Streifenmitten der Keilbilder entstanden sind. Infolge der zwei benutzten Streifen (Mittel- und Seitenstreifen des Jupiters) entstanden jeweils zwei Reihen von Schwärzungsmarken, die später zu einer genügend langen Schwärzungskurve zusammengefaßt werden konnten.

Zur Konstruktion der Intensitätsschwärzungskurven benötigte ich noch die Keilkonstante des benutzten Graukeils bzw. den genauen Verlauf der Schwächung durch den Keil. Ich erhielt diesen Verlauf durch Photometrierung des Keils am Registrierphotometer. Da die Ausschläge am Registrierphotometer — wie ich durch eine Untersuchung feststellte — den auf die lichtlelektrische Zelle auftreffenden Lichtmengen im allgemeinen nicht proportional sind, die erhaltene Registrierkurve also noch nicht die gewünschte Schwächungskurve des Keils im Intensitätsmaß darstellt, eichte ich die Photometerausschläge durch Variation der Präzisionsspalteinstellung, die an einer Mikrometerschraube sehr genau abgelesen werden konnte, d. h. ich variierte meßbar die Lichtmengen, die auf die Zelle fielen. Auf das Registrierpapier kamen deshalb noch sogenannte „Treppen", Reihen von Ausschlägen, die verschiedenen Einstellungen des Präzisionsspalts entsprachen. Es ergaben sich für den 90 mm langen Keil folgende Schwächungsdifferenzen in Größenklassen pro mm (Tabelle 2, 2. Zeile). In der ersten Zeile stehen die Abstände auf dem Keil.

Tabelle 2.

Abstände mm	Schwächung pro mm	Abstände mm	Schwächung pro mm	Abstände mm	Schwächung pro mm
Helles Ende		25	$0^{m}054$	65	$0^{m}052$
		30	053	70	053
0	—	35	052	75	050
1	$0^{m}057$	40	052	80	049
5	057	45	052	85	048
10	055	50	052	88	048
15	053	55	052		
20	054	60	052	Dunkles Ende	

Aus den Abständen der Keilbilder des Planeten vom Keilende wurden so die Intensitätsverhältnisse der Keilbilder, aus den Intensitätsverhältnissen und den Schwärzungen der Keilbilder wurden für jedes Registrierpapier bzw. jede Gruppe von Registrierpapieren die benötigten Schwärzungskurven erhalten. Bei der Platte „39 Matter" war es notwendig, für die stärksten Schwärzungen die Schwärzungskurve etwas zu extrapolieren, und zwar gerade dort, wo die Kurve nicht mehr geradlinig verläuft, sondern die obere Krümmung einsetzt. Einen Einfluß hat diese Tatsache auf die größten Helligkeiten bei violetten Mittelstreifen, die dadurch bis zu $0^{m}03$ unsicher werden, was aber etwa dem mittleren Fehler der Einzelhelligkeiten entspricht. Die beiden stillschweigenden Voraussetzungen — Gleichheit der Schwärzungskurven für alle Teile der Platte und Gleichheit der Schwärzungskurven für Aufnahmen mit und ohne Farbfilter — brauchen gar nicht streng erfüllt zu sein. Einmal wurden immer mehrere Bilder an verschiedenen

Stellen der Platte photometriert und gemittelt. Zum anderen sind die Spektralbereiche der ohne Filter erhaltenen Keilaufnahmen von denen der photometrierten Filterbilder nicht allzu verschieden, da ja auf der violettblauempfindlichen Matterplatte violette und blaue Bilder, auf der stark gelbrotempfindlichen Superpanplatte gelbe und rote Bilder photometriert wurden. Die Photometrierung der obengenannten Jupiterbilder erfolgte meist zweimal, zum Teil dreimal, um weitere Fehler auszuschalten.

Auswertung der Photogramme. Bestimmung der Mitten. Die genaue Größe der Bilder auf den beiden Platten betrug entsprechend einem Winkeldurchmesser des Planeten von $44{,}''1 \times 41{,}''2$ März 21,9 und $44{,}''0 \times 41{,}''1$ März 26,0 (laut Jahrbuch) auf der Platte „29 Superpan" $2{,}33 \times 2{,}18$ mm und auf der Platte „39 Matter" $2{,}33 \times 2{,}17$ mm. Dem entsprach eine Kurvenlänge auf dem Registrierpapier von 103 bzw. 100 mm für Mittel- und Seitenstreifen. Die Meßabstände auf dem Registrierpapier betrugen 2,2 mm, was auf dem Jupiterbild der Platte 0,05 mm oder $0{,}''94$ gleichkommt. Die Meßpunkte wurden vom Streifenmittelpunkt aus gezählt, weil die Ränder oft schwer zu definieren waren. Die Bestimmung dieses Mittelpunktes auf der Registrierkurve machte wegen der Kornschwankungen und des verschieden steilen Abfalls der Helligkeit nach beiden Seiten (Jupiter außerhalb der Opposition) einige Schwierigkeiten. Es wurde zunächst auf jeder Registrierkurve ein vorläufiger Mittelpunkt durch Halbierung von Horizontalschnitten durch die Kurve konstruiert. Nach der Umwandlung der Photometerausschläge in Intensitätsverhältnisse und Berechnung der Einfallswinkel i wurde ein neuer Mittelpunkt entsprechend einer angenommenen LAMBERT-Verteilung ($J \sim \cos i$) bestimmt. Die Nullpunktsverschiebung betrug dabei im Höchstfalle 0,93 Einheiten des Meßpunktabstandes oder 2,1 mm auf dem Registrierpapier oder 0,040 Einheiten des halben Äquatordurchmessers. Die Einzelkurven waren erst dadurch untereinander vergleichbar geworden und konnten gemittelt werden. Eine letzte Glättung der Kurven entfernte noch übriggebliebene Intensitätsschwankungen, die auf Plattenkorn und Details auf der Jupiteroberfläche zurückzuführen sind.

Bei den Meridianphotogrammen ist die Mitte identisch mit der Mitte der Jupiterscheibe. Diese liegt aber wegen der Neigung der Äquatorebene $0{,}''6$ oder 0,6 Meßabstände von der Mitte des hellen Äquatorstreifens entfernt und kann dadurch am besten bestimmt werden, daß man auf den Photogrammen vom hellen Mittelstreifen um diesen Abstand nach Süden geht. Bei den violetten, gelben und blauen Bildern war die Mittenbestimmung wegen der durch den hellen Mittelstreifen hervorgerufenen ausgeprägten

Spitze leicht durchzuführen, während das bei den roten Bildern wegen des geringen Kontrastes zwischen den Streifen und des infolgedessen langsamen Helligkeitsabfalles von der Mitte aus nur schwer möglich war. Der Helligkeitsabfall nach den Polen zu konnte im Gegensatz zu den Streifenphotometrierungen zur Mittenbestimmung wegen einer möglichen verschiedenen Helligkeit der beiden Pole nicht herangezogen werden. Die Bilder rot I sind später wegen der sehr ungenauen Mittenbestimmung fallen gelassen worden.

Untersuchung auf Randeffekte. Eine wichtige Frage ist noch die der Randhelligkeiten des Jupiters. Die photographischen Jupiterbilder können, insbesondere am Rande, durch mancherlei Effekte (Diffraktion am Objektiv und photographische Effekte auf der Platte) in ihrer Größe und in ihrer Helligkeit leicht verfälscht werden.

Durch Photographie eines künstlichen Jupiters versuchte ich, diese Effekte zu erfassen. Der künstliche Jupiter bestand in einem Diapositiv eines stark überbelichteten Jupiterbildes, das nur noch schwach die Streifen zeigte. Das Diapositiv wurde durch ein dicht dahinterliegendes Lämpchen, das durch einen 4 Volt-Akkumulator Strom erhielt, erleuchtet. Um eine gleichmäßige Erhellung zu erzielen, schaltete ich eine Milchglasscheibe zwischen das mattierte Osramlämpchen und das Diapositiv. Das Licht dieses künstlichen Jupiters befand sich im Brennpunkt des Hohlspiegels und wurde durch Autokollimation nahezu in sich selbst reflektiert und auf einer dicht unterhalb des künstlichen Jupiters befindlichen Matterplatte aufgenommen. Auch hier nahm ich wieder eine Anzahl Bilder durch den Graukeil auf, um eine Schwärzungskurve dieser Matterplatte zu erhalten. Die Belichtungszeit betrug 20 Sekunden. (Entwickler Rodinal 1:18). Am Mikrophotometer photometrierte ich einerseits den künstlichen Jupiter, wobei wieder durch „Treppen" Durchlässigkeiten im Intensitätsmaß bestimmt wurden. Andererseits photometrierte ich auch eine Anzahl von Photographien des künstlichen Jupiters und berechnete mit Hilfe einer aus den „Keilbildern" erhaltenen Schwärzungskurve ihre Helligkeiten im Intensitätsmaß. Es wurden durch den künstlichen Jupiter und seine Photographien immer jeweils drei Schnitte parallel zu den gerade noch angedeuteten Streifen gelegt, und zwar 0,3 mm unterhalb, 0,1 mm oberhalb und 0,3 mm oberhalb der Mitte der etwa 2,45 mm großen Bilder. Die hellsten Stellen jedes Schnittes wurden gleich 100 gesetzt und entsprechende Schnitte vom künstlichen Jupiter und seiner Photographie miteinander verglichen. Es zeigte sich nun, daß bei nahezu symmetrischer Helligkeitsverteilung des künstlichen Jupiters die Photographien alle eine Verlagerung des Helligkeitsmaximums nach ein und demselben Rande aufwiesen. Das wird auf nicht genau zentrische Lage des Lämpchens zurückzuführen sein. Ich mittelte deshalb die Punkte, die gleiche Abstände von der Mitte hatten. Der Vergleich des Intensitätsverlaufes für den künstlichen Jupiter und seine Photographie ergab folgende Zahlen:

Tabelle 3. Randeffekte.

Abstand von der Mitte		Intensitäten					
		0,3 mm unterhalb		0,1 mm oberhalb		0,3 mm oberhalb	
mm	a/R	künstl. ♃	Photogr.	künstl. ♃	Photogr.	künstl. ♃	Photogr.
0,0	0,00	100	100	97	99	98	99
0,1	0,08	99	99	97	99	99	99
0,2	0,16	98	99	98	100	99	99
0,3	0,24	98	98	100	100	100	99
0,4	0,33	97	99	100	99	100	100
0,5	0,41	97	98	99	100	100	99
0,6	0,49	97	98	99	100	100	99
0,7	0,57	95	96	98	99	99	98
0,8	0,65	94	94	96	98	98	97
0,9	0,73	91	92	94	96	96	95
1,0	0,82	86	84	92	92	91	89
1,1	0,90	48	61	76	77	68	61
1,2	0,98	11	28	29	44	21	29

Es zeigt sich, daß bis zu einem Abstande von etwa 0,85 Einheiten des Radius die photographische Abbildung durch den Reflektor keine Fehler im Helligkeitsverlauf hervorbringt, d. h. daß die Beugungs- und anderen Einflüsse bis zu dieser Grenze verschwindend klein sind. Bei weiterer Annäherung an den Rand bringen diese Einflüsse, wie man es bei der Beugung erwarten muß, einen langsameren Helligkeitsabfall zum Rande hervor. Auf die außerhalb des genannten Bereiches liegenden Randpartien verzichte ich deshalb bei der Photometrierung.

Die Farbfilter. Um die Spektralbereiche bzw. die effektiven Wellenlängen der photometrierten Jupiterbilder zu erhalten, untersuchte ich an einem mir vom Physikalischen Institut der Universität Breslau freundlicherweise zur Verfügung gestellten und von Prof. STEUBING konstruierten Sensitometer eine Reihe von Plattensorten, z. T. kombiniert mit SCHOTTschen Farbfiltern. Die spektrale Intensitätsverteilung der benutzten Sensitometerlampe von Osram wurde bei der Bestimmung der Spektralintensitäten der Platten bzw. Kombinationen Filter-Platte in Ansatz gebracht. Nach Rückfrage bei Osram kann die Glühbirne als schwarzer Strahler von der Farbtemperatur von 2675° K angenommen werden. Es wurde nach dem PLANCKschen Gesetz für $T = 2675^0$ eine PLANCKsche Kurve konstruiert. Die Spektralintensität für eine bestimmte Wellenlänge λ ist dann der Quotient aus der am Sensitometer gemessenen Intensität und dem entsprechenden J_λ der PLANCKschen Kurve. Die drei Kombinationen Platte-Filter: Matter—violett, Matter—blau und Superpan—gelb waren direkt am Sensitometer untersucht worden, während die Spektralintensitäten der beiden Kombinationen Superpan—rot I und Superpan—rot II aus der untersuchten Spektralintensitätskurve für die Superpanplatte und derjenigen der Filter rechnerisch erhalten wurden. Die Filter rot I und rot II waren dabei die Wratten-Filter 71 A und 70. Die endgültige Spektralintensität für eine bestimmte Wellenlänge ist hier das Produkt aus der am Sensitometer gemessenen Intensität der Superpanplatte und der aus dem Katalog der Wratten Light Filters [1]) genommenen Filterintensitäten, dividiert durch die entsprechende PLANCKsche Farbenintensität der Sensitometerlampe. Es wurden nur relative Spektralintensitäten gemessen und die größte Intensität für jede Kombination immer gleich 100 gesetzt. Für die fünf Kombinationen Platte-Filter gebe ich nun die Spektralbereiche, die Intensitätsmaxima und die effektiven Wellenlängen, d. h. die durch Integration ermittelten mittleren Wellenlängen (Tabelle 4).

Tabelle 4.

Kombination Platte-Filter	Spektralbereich	Intensitätsmaxima	Effektive Wellenlängen
PLAETSCHKE, 1933:			
Matter + violett . .	322 — 493 mμ	335 mμ	361 mμ
Matter + blau . . .	332 — 503	354	384
Superpan + gelb . .	428 — 704	462, 500	528
Superpan + rot I . .	607 — 687	630	642
Superpan + rot II .	644 — 690	670	670

Bei der Berechnung des Tr. k. der Jupiteratmosphäre für verschiedene Wellenlängen habe ich außer meinen eigenen Messungen auch noch solche von E. SCHOENBERG und von N. BARABASCHEFF und B. SEMEJKIN herangezogen. Ich möchte deshalb gleich anschließend auch die Wellenlängen dieser Messungen angeben.

Die photographischen Messungen von N. BARABASCHEFF und B. SEMEJKIN wurden aus der schon oben erwähnten, in der Zeitschrift für Astro-

---

[1]) „Wratten Light Filters", seventh Edition, Eastman Kodak Company, Rochester, New York, 1925.

physik, Bd. VIII erschienenen Arbeit entnommen, die visuellen Messungen von E. SCHOENBERG, die bisher unveröffentlicht sind, stellte mir Herr Prof. SCHOENBERG freundlicherweise zur Verfügung. Diese wurden in den Jahren 1927 bis 1930 am SCHMIDTschen Spiegelteleskop und am 9 zölligen Refraktor der Breslauer Zweigsternwarte Sternblick bei Winzig erhalten. Sie werden weiter unten veröffentlicht. Die von SCHOENBERG verwendeten Filter sind dieselben SCHOTTschen Filter, die auch P. SKOBERLA 1932 bei der Beobachtung von Bedeckungsveränderlichen verwandte und deren Farbdurchlässigkeit, multipliziert mit der Augenempfindlichkeit, dieser in seiner Arbeit [1]) gegeben hat. Ich entnehme sie von dort. Aus den bei BARABASCHEFF gegebenen Durchlässigkeiten der Kombinationen Platte-Filter berechnete ich aus den Spektralbereichen und deren Maximalintensitäten effektive Wellenlängen, so genau es bei seinen Angaben möglich ist. Die entsprechenden Zahlen sind dann:

Tabelle 5.

Kombination Auge-Filter bzw. Platte-Filter	Spektralbereich	Intensitätsmaxima	Effektive Wellenlängen
SCHOENBERG, 1927—1930:			
Auge + blau	420 — 640 mμ	519, (558) mμ	526 mμ
Auge + grün	450 — 661	540, (647)	545
Auge + gelb	430 — 700	555	564
Auge + rot	482 — 695	620	610
BARABASCHEFF, 1933:			
Platte + blau ...	415 — 493 mμ	461 mμ	458 mμ
Platte + gelb ...	509 — 680	563	578
Platte + rot	580 — 740	649	652

Die Berechnung von α, i und ε. Bevor ich die endgültigen Helligkeiten meiner Jupiterphotometrierung gebe, möchte ich die Berechnung der Phasenwinkel α und der Einfalls- und Reflexionswinkel i und ε einschalten. Die Berechnung der Winkel für die Gelb- und Rotaufnahmen auf der Superpanplatte 29 und der Violett- und Blauaufnahmen auf der Matterplatte 39 wurde für jede Platte gesondert vorgenommen. Innerhalb einer Platte genügte wegen der verhältnismäßig geringen Zwischenzeiten die Berechnung der Winkel für einen mittleren Zeitmoment. Dieser war im ersten Falle 1933 März 21,88, im zweiten 1933 März 25,98 Weltzeit.

---

[1]) PAUL SKOBERLA, „Photometrisch-kolorimetrische Beobachtungen an Bedeckungsveränderlichen zur Untersuchung des NORDMANN-TIKHOFF schen Phänomens", ZS. f. Astrophys. 11, 1, 1935.

Die Phasenwinkel α wurden nach der schon oben erwähnten Formel (1) berechnet. Aus American Ephemeris 1933 wurden für log r, log Δ und log R folgende Werte entnommen:

Tabelle 6.

0^h Weltzeit	log r	log R	log Δ
1933 März 18	0,734 642 8	—	—
21	—	0,648 716 8	9,998 403 4⁻¹⁰
22	0,734 693 2	0,649 071 4	9,998 529 0⁻¹⁰
25	—	0,650 307 9	9,998 905 3⁻¹⁰
26	0,734 742 9	0,650 776 7	9,999 030 2⁻¹⁰

Für die genannten Zeiten ergaben sich als Phasenwinkel die Werte 2° 34′ und 3° 28′.

Die Berechnung der Einfalls- und Reflexionswinkel i und ε erfolgte nach den Formeln (2). Für die Halbachsen a und c des Planeten wurden die Werte nach RUSSEL-DUGAN-STEWART 44320 und 41440 miles genommen, woraus sich $\sqrt{1-e^2} = \dfrac{c}{a} = 0,9850$ ergibt.

Für die geozentrische Breite und Länge B und L und die heliozentrische Breite und Länge B' und L' des Planetenzentrums, bezogen auf die Ebene des Jupiteräquators, bekam ich nach den American Ephemeris 1933:

Tabelle 7.

Weltzeit	B	L	B'	L'
1933 März 21,88	+ 1°,86	30°,78	+ 1°,68	33,32
März 25,98	+ 1,84	30,27	+ 1,70	33,64

Entsprechend einem Meßpunktabstand von 0,05 mm oder 0″,94 auf dem Jupiterbild sind die vom Scheibenmittelpunkte aus gezählten planetozentrischen linearen Koordinaten u/a und v/k der Meßpunkte für März 21,88, 0,0429 und 0,0459 und für März 25,98 0,0430 und 0,0460 und deren Vielfache, wobei nach Osten und Norden positiv und nach Westen und Süden negativ gezählt wird.

Für die Berechnung der Winkel der Äquatorpunkte wurden die Formeln dadurch etwas vereinfacht, daß angenommen wurde, die nur 1°85 betragende Neigung der Äquatorebene gegen die Gesichtslinie sei Null, die u-Achse des Koordinatensystems falle also mit dem Äquator zusammen. Außer

$B = 0$ sei auch $B' = 0$. Weiter ist $k = c$, $v = 0$, $\nu = 0$ und $\varphi = 0$. Es ergibt sich dann das Formelsystem (2a) für Äquatorpunkte:

$$\left. \begin{aligned} \operatorname{tg}(\mu - L) &= -\frac{\frac{u}{a}}{\sqrt{1 - \left(\frac{u}{a}\right)^2}}, \\ \cos \varepsilon &= -\cos(\mu - L), \\ \cos i &= -\cos((\mu - L) + (L - L')). \end{aligned} \right\} \quad (2\mathrm{a})$$

Der durch diese Vernachlässigung entstehende Fehler erreicht im Höchstfalle 0,2 % für $\cos i$, $\cos \varepsilon$, $\sec i$ und $\sec \varepsilon$, ist also zu vernachlässigen.

Die Berechnung der Winkel für die Seitenstreifen erfolgte nach den strengen Formeln, wobei $\dfrac{v}{k} = +\,0{,}23$ gesetzt wurde. (Dieser Wert wurde aus Ausmessungen der Jupiterbilder an einem Plattenmeßapparat erhalten.)

Für die Punkte des Zentralmeridians ist $u = 0$ und $\mu - L = 180°$, wodurch sich die Formeln etwas vereinfachen.

Die Berechnung der Winkel wurde nicht für alle Meßpunkte vorgenommen, sondern nur für einige ausgewählte Punkte, die aber den Helligkeitsverlauf genügend genau darstellen, so daß ich mich bei allen späteren Rechnungen auf diese beschränken konnte.

Die berechneten Einfalls- und Reflexionswinkel lauten dann:

Tabelle 8. Mittelstreifen.

Meßpunkt Nr.		1933 März 21,88			1933 März 25,98		
		u/a	ε	i	u/a	ε	i
Ost	20	0,858	59° 6′	61°38′	0,860	59°19′	62°41′
	19	815	54 36	57 8	817	54 47	58 9
	18	772	50 33	53 5	774	50 43	54 5
	15	644	40 3	42 35	645	40 10	43 32
	12	515	30 59	33 31	516	31 4	34 26
	9	386	22 43	25 15	387	22 46	26 8
	6	257	14 55	17 27	258	14 57	18 19
	2	086	4 55	7 27	086	4 56	8 18
	0	000	0 0	2 32	000	0 0	3 22
	− 2	− 086	4 55	2 23	− 086	4 56	1 34
	− 6	− 257	14 55	12 23	− 258	14 57	11 35
	− 9	− 386	22 43	20 11	− 387	22 46	19 24
	− 12	− 515	30 59	28 27	− 516	31 4	27 42
	− 15	− 644	40 3	37 31	− 645	40 10	36 48
	− 18	− 772	50 33	48 1	− 774	50 43	47 21
	− 19	− 815	54 36	52 4	− 817	54 47	51 25
West	− 20	− 858	59 6	56 34	− 860	59 19	55 57

Photographische Photometrie der Jupiterscheibe.

Tabelle 9. Seitenstreifen.

Meßpunkt Nr.	1933 März 21,88				1933 März 25,98			
	u/a	u/b	ε	i	u/a	u/b	ε	i
Ost 19	0,815	0,838	57°59′	60°22′	0,817	0,840	58°11′	61°22′
18	772	794	53 49	56 10	774	795	53 59	57 8
15	644	661	43 17	45 36	645	663	43 24	46 31
12	515	529	34 33	36 45	516	530	34 38	37 39
9	386	397	26 57	29 6	387	398	27 4	29 54
6	257	265	20 36	22 24	258	265	20 38	23 8
2	086	088	14 48	15 40	086	088	14 48	16 2
0	000	000	13 55	13 58	000	000	13 56	14 12
− 2	− 086	− 088	14 48	13 58	− 086	− 088	14 48	13 54
− 6	− 257	− 265	20 36	18 42	− 258	− 265	20 38	18 13
− 9	− 386	− 397	26 57	24 48	− 387	− 398	27 4	24 12
− 12	− 515	− 529	34 33	32 12	− 516	− 530	34 38	31 33
− 15	− 644	− 661	43 17	40 51	− 645	− 663	43 24	40 13
− 18	− 772	− 794	53 49	51 21	− 774	− 795	53 59	50 44
West − 19	− 815	− 838	57 59	55 31	− 817	− 840	58 11	54 56

Tabelle 10. Zentralmeridian.

Meßpunkt Nr.	1933 März 21,88			1933 März 25,98		
	v/k	ε	i	v/k	ε	i
Nord 18	0,826	57°23′	57°14′	0,828	57°35′	57°31′
15	688	45 17	45 9	690	45 25	45 23
12	551	35 2	34 56	552	35 8	35 9
9	413	25 39	25 35	414	25 43	25 47
6	275	16 48	16 49	276	16 51	17 2
2	092	5 19	5 44	092	5 26	6 20
0	000	0 0	2 34	000	0 0	3 26
− 2	− 092	5 51	6 32	− 092	5 54	6 55
− 6	− 275	17 18	17 39	− 276	17 18	17 45
− 9	− 413	26 5	26 22	− 414	26 9	26 29
− 12	− 551	35 23	35 38	− 552	35 28	35 44
− 15	− 688	45 33	45 47	− 690	45 40	45 54
Süd − 18	− 826	57 33	57 46	− 828	57 43	57 54

Die endgültigen Helligkeiten der Streifen. Ich gebe nun meine Messungen längs des hellen und des dunklen Äquatorstreifens auf Jupiter. Die endgültigen Intensitäten für den hellen Mittelstreifen und die fünf Farbfilter sind folgende (s. Tabelle 11).

In der ersten Spalte stehen die Nummern der Meßpunkte, die gleiche Abstände von 0″94 voneinander haben. Die zweite Spalte gibt die Entfernung der Meßpunkte vom Streifenmittelpunkte in Einheiten des halben Äquatordurchmessers. Die dritte Spalte enthält die nach dem

88 JOHANNES PLAETSCHKE,

Tabelle 11. Mittelstreifen.

Meßpunkt Nr.	Platte 39 Matter, 1933 März 25,98				Platte 29 Superpan, 1933 März 21,88				
	u/a	Lambert	violett	blau	gelb	rot I	rot II	Lambert	u/a
Ost 20	0,860	459	511	420	403	395	421	475	0,858
19	817	527	563	506	477	464	476	542	815
18	774	586	604	576	537	524	528	600	772
17	731	638	638	633	591	580	578	651	729
16	688	684	671	677	639	633	623	696	686
15	645	725	702	712	683	681	666	736	644
14	602	762	730	742	722	726	705	772	601
13	559	795	760	770	758	767	742	804	558
12	516	825	786	794	789	802	776	833	515
11	473	852	812	818	818	832	807	860	472
10	430	876	838	841	842	857	836	883	429
9	387	898	864	863	863	880	864	904	386
8	344	917	886	885	881	902	889	923	343
7	301	934	906	906	898	921	912	939	300
6	258	949	926	927	915	936	933	954	257
5	215	962	942	948	932	950	951	966	214
4	172	973	956	966	947	963	966	976	172
3	129	982	967	981	961	974	977	985	129
2	086	989	976	990	973	982	986	991	086
1	043	995	984	996	984	988	992	996	043
0	000	998	990	999	992	993	998	999	000
− 1	− 043	1000	993	1000	998	997	1000	1000	− 043
− 2	− 086	1000	998	1000	1000	999	1000	999	− 086
− 3	− 129	998	1000	1000	994	1000	998	996	− 129
− 4	− 172	994	994	999	980	994	993	992	− 172
− 5	− 215	988	985	996	965	985	986	985	− 214
− 6	− 258	980	974	988	950	970	977	977	− 257
− 7	− 301	970	962	975	932	953	966	966	− 300
− 8	− 344	958	946	958	914	935	951	954	− 343
− 9	− 387	943	926	938	896	914	932	939	− 386
− 10	− 430	927	906	916	876	888	907	922	− 429
− 11	− 473	907	883	894	854	860	880	902	− 472
− 12	− 516	886	859	871	831	832	850	880	− 515
− 13	− 559	861	832	847	803	802	815	854	− 558
− 14	− 602	833	805	822	773	767	775	826	− 601
− 15	− 645	801	777	794	737	731	732	794	− 644
− 16	− 688	765	749	761	697	693	686	757	− 686
− 17	− 731	724	718	722	650	649	636	716	− 729
− 18	− 774	678	684	672	597	594	580	669	− 772
− 19	− 817	624	644	610	538	533	516	615	− 815
West − 20	− 860	560	597	529	467	462	443	551	− 858

LAMBERTschen Gesetz zu erwartenden Intensitäten, stellt also die cos i-Werte dar.

Hier wie bei den folgenden gemessenen Intensitäten ist jeweils die größte Intensität gleich 1000 gesetzt. Die Werte u/a und cos i sind für beide Platten etwas verschieden.

Photographische Photometrie der Jupiterscheibe.

Für den dunklen Streifen ergab sich (siehe Tabelle 12):

Tabelle 12. Seitenstreifen (auf Jupitermitte bezogen.)

Meßpunkt Nr.	Platte 39 Matter, 1933 März 25,98					Platte 29 Superpan, 1933 März 21,88					
	u/a	u/b	Lambert	violett	blau	gelb	rot I	rot II	Lambert	u/b	u/a
Ost 19	0,817	0,840	479	414	357	388	423	358	494	0,838	0,815
18	774	795	543	448	414	449	484	415	557	794	772
17	731	751		474	442	500	542	469		750	729
16	688	707		492	463	542	598	521		705	686
15	645	663	688	511	481	580	648	568	700	661	644
14	602	619		526	498	613	689	611		617	601
13	559	574		542	513	638	725	646		573	558
12	516	530	792	554	527	661	755	673	801	529	515
11	473	486		566	541	679	782	698		485	472
10	430	442		578	553	697	806	722		441	429
9	387	398	867	587	564	714	828	745	874	397	386
8	344	354		596	575	727	850	765		353	343
7	301	309		602	583	739	870	784		309	300
6	258	265	920	608	591	750	890	798	925	265	257
5	215	221		612	597	758	906	810		220	214
4	172	177		616	602	765	919	818		176	172
3	129	133		618	606	770	928	825		132	129
2	086	088	961	619	609	775	932	830	963	088	086
1	043	044		620	611	780	935	833		044	043
0	000	000	969	621	613	784	937	836	970	000	000
— 1	—043	—044	971	621	615	788	939	838	971	—044	—043
— 2	—086	—088	971	621	616	789	940	841	970	—088	—086
— 3	—129	—133		620	617	786	938	838		—132	—129
— 4	—172	—177		618	616	781	933	834		—176	—172
— 5	—215	—221		616	613	774	926	829		—220	—214
— 6	—258	—265	950	614	609	764	916	820	947	—265	—257
— 7	—301	—309		611	605	752	904	810		—309	—300
— 8	—344	—354		608	599	740	889	796		—353	—343
— 9	—387	—398	912	605	592	728	869	779	908	—397	—386
— 10	—430	—442		601	585	715	841	760		—441	—429
— 11	—473	—486		596	576	702	814	740		—485	—472
— 12	—516	—530	852	591	566	686	786	717	846	—529	—515
— 13	—559	—574		584	556	669	758	690		—573	—558
— 14	—602	—619		578	545	649	728	656		—617	—601
— 15	—645	—663	764	568	532	625	696	611	756	—661	—644
— 16	—688	—707		557	519	593	663	564		—705	—686
— 17	—731	—751		544	503	555	624	515		—750	—729
— 18	—774	—795	633	528	485	511	572	463	625	—794	—772
West — 19	—817	—840	575	506	460	455	508	404	566	—838	—815

In derselben wurden die Intensitäten des dunklen Seitenstreifens in denselben Einheiten ausgedrückt wie beim Mittelstreifen — die hellste Stelle des Mittelstreifens war gleich 1000 gesetzt worden —, in Tabelle 13 in Einheiten der hellsten Stelle des Seitenstreifens selbst. Im ersten Falle sind die Intensitäten der beiden Streifen miteiannder vergleichbar, im

Tabelle 13. Seitenstreifen (auf Streifenmitte bezogen).

Meßpunkt Nr.	Platte 39 Matter			Platte 29 Superpan			
	Lambert	violett	blau	gelb	rot I	rot II	Lambert
Ost 19	493	667	579	492	450	426	509
18	559	723	671	569	515	494	574
17		763	716	634	577	558	
16		794	750	687	636	619	
15	708	824	780	735	689	675	721
14		849	807	777	733	727	
13		873	831	809	771	768	
12	816	893	854	837	803	800	825
11		913	877	861	831	830	
10		931	896	883	857	859	
9	893	946	914	905	881	886	900
8		960	932	921	904	910	
7		970	945	937	926	932	
6	947	980	958	951	947	949	952
5		987	968	961	964	963	
4		992	976	970	978	973	
3		995	982	976	987	981	
2	990	997	987	982	991	987	992
1		998	990	988	995	991	
0	998	1000	993	994	997	994	999
− 1	1000	1000	997	999	999	997	1000
− 2	1000	1000	998	1000	1000	1000	999
− 3		998	1000	996	998	997	
− 4		995	998	990	993	992	
− 5		992	993	981	985	986	
− 6	978	989	987	968	975	975	975
− 7		985	981	953	962	963	
− 8		980	971	938	946	947	
− 9	939	975	960	923	923	926	
− 10		969	948	906	895	904	
− 11		961	934	889	866	880	
− 12	877	952	918	869	836	852	871
− 13		942	901	848	806	821	
− 14		931	883	823	774	780	
− 15	787	915	862	792	740	727	778
− 16		898	841	752	705	671	
− 17		876	815	703	664	612	
− 18	652	852	786	648	608	550	644
West − 19	592	815	746	577	540	480	583

zweiten Falle sind die Helligkeitsverteilungen des Seitenstreifens in den verschiedenen Farben miteinander in Beziehung zu setzen. Die Zahlen der Tabelle 12 und 13 haben entsprechende Bedeutungen wie die der Tabelle 11. Die Meßpunktabstände sind wieder dieselben wie beim Mittelstreifen, nämlich $0''{,}94$. Die Abstände u/a vom Streifenmittelpunkt sind in Einheiten des halben Äquatordurchmessers, die Abstände u/b in Einheiten der halben Seitenstreifenlänge ausgedrückt. Das Verhältnis vom Äquatordurchmesser zum Parallelkreisdurchmesser des Seitenstreifens bzw. das Verhältnis der Länge des Mittelstreifens zur Länge des Seitenstreifens ist 1000 : 978. Die mit Lambert überschriebene Spalte gibt wieder die cos i-Werte, die Intensitäten nach dem LAMBERTschen Gesetz. Im zweiten Teile der Tabelle wurden sinngemäß die cos i-Werte in Einheiten des größten cos i-Wertes des Seitenstreifens ausgedrückt.

Helligkeiten in Größenklassen.
Tabelle 14. Mittelstreifen.

Meßpunkt Nr.		u/a	Lambert	violett	blau	gelb	rot I	rot II	Lambert
Ost	20	0,86	$0^{m}\!85$	$0^{m}\!73$	$0^{m}\!94$	$0^{m}\!99$	$1^{m}\!01$	$0^{m}\!94$	$0^{m}\!81$
	19	82	70	62	74	80	0,83	81	66
	18	77	58	55	60	68	70	69	55
	15	64	35	38	37	41	42	44	33
	12	52	21	26	25	26	24	28	20
	9	39	12	16	16	16	14	16	11
	6	26	06	08	08	10	07	08	05
	2	09	01	03	01	03	02	02	01
	0	00	00	01	00	01	01	00	00
	− 2	− 09	00	00	00	00	00	00	00
	− 6	− 26	02	03	01	06	03	03	03
	− 9	− 39	06	08	07	12	10	08	07
	− 12	− 52	13	16	15	20	20	18	14
	− 15	− 64	24	27	25	33	34	34	25
	− 18	− 77	42	41	43	56	57	59	44
	− 19	− 82	51	48	54	67	68	72	53
West	− 20	− 86	63	56	69	83	84	88	65

Tabelle 15. Seitenstreifen.

Meßpunkt Nr.		u/a	Bezogen auf hellsten Punkt des Mittelstreifens						
			Lambert	violett	blau	gelb	rot I	rot II	Lambert
Ost	− 19	0,84	$0^{m}\!80$	$0^{m}\!96$	$1^{m}\!12$	$1^{m}\!03$	$0^{m}\!93$	$1^{m}\!12$	$0^{m}\!77$
	18	79	66	87	0,96	0,87	79	0,96	64
	15	66	41	73	79	59	47	61	39
	12	53	25	64	70	45	31	43	24
	9	40	16	58	62	37	20	32	15
	6	26	09	54	57	31	13	24	08
	2	09	04	52	54	28	08	20	04
	0	00	03	52	53	26	07	19	03
	− 2	− 09	03	52	53	26	07	19	03
	− 6	− 26	06	53	54	29	10	22	06
	− 9	− 40	10	55	57	34	15	27	10
	− 12	− 53	17	57	62	41	26	36	18
	− 15	− 66	29	61	69	51	39	53	30
	− 18	− 79	50	69	79	73	61	84	51
West	− 19	− 84	60	74	84	86	74	98	62

Tabelle 16.

Meßpunkt Nr.		u/b	Bezogen auf den hellsten Punkt des Seitenstreifens						
			Lambert	violett	blau	gelb	rot I	rot II	Lambert
Ost	19	0,84	$0^{\text{m}}\!,77$	$0^{\text{m}}\!,44$	$0^{\text{m}}\!,59$	$0^{\text{m}}\!,77$	$0^{\text{m}}\!,87$	$0^{\text{m}}\!,93$	$0^{\text{m}}\!,73$
	18	79	63	35	43	61	72	77	60
	15	66	37	21	27	33	40	43	36
	12	53	22	12	17	19	24	24	21
	9	40	12	06	10	11	14	13	11
	6	26	06	02	05	06	06	06	05
	2	09	01	00	01	02	01	01	01
	0	00	00	00	00	01	01	00	01	00
	− 2	− 09	00	00	00	00	00	00	00
	− 6	− 26	02	01	01	04	03	03	03
	− 9	− 40	07	03	04	09	09	08	07
	− 12	− 53	14	05	09	15	19	17	15
	− 15	− 66	26	10	16	25	33	35	27
	− 18	− 79	46	17	26	47	54	65	48
West	− 19	− 84	57	22	32	60	67	80	59

Übersichtlicher und besser vergleichbar miteinander werden diese Werte, wenn ich sie in Größenklassen anstatt im Intensitätsmaß angebe und mich auf eine geringere Zahl von Meßpunkten beschränke.

Es ergaben sich dann folgende Abweichungen der gemessenen Helligkeiten von den Lambert-Werten, wobei $\Delta m = m_\lambda - m_{Lambert}$.

Man sieht, daß beim Mittelstreifen die gemessenen Helligkeiten für die Farben violett und blau nur wenig von der Lambert-Verteilung abweichen, während sie für gelb, rot I und rot II deutlich geringer als bei LAMBERT sind. Der Helligkeitsabfall nach dem Rande verläuft hier steiler als bei LAMBERT. Beim Seitenstreifen dagegen entsprechen die gemessenen Helligkeiten für gelb nahezu der Lambert-Verteilung, während sie für violett und blau über, für rot I und noch mehr für rot II unter den Lambert-Helligkeiten liegen. Der Helligkeitsabfall nach dem Rande ist hier für violett und blau flacher, für rot I und rot II steiler als bei LAMBERT.

Die Steilheit des Helligkeitsabfalles nimmt sowohl im Mittelstreifen wie im Seitenstreifen im allgemeinen mit zunehmender Wellenlänge zu.

Lediglich für das Filter rot II scheint am Ostrande des Mittelstreifens eine Abweichung von diesem Satze zu bestehen, die aber auch auf lokale Ungleichmäßigkeiten der Oberfläche zurückzuführen sein könnte.

Die am Anfang der Arbeit erwähnten, in den Charkow-Publ. 3 und 4 von BARABASCHEFF bearbeiteten Jupiteraufnahmen ohne Filter aus dem Jahre 1927 zeigen einen so stark abweichenden Helligkeitsverlauf gegenüber meinen eigenen Helligkeitsmessungen, wie gegenüber den BARABASCHEFF-schen Filteraufnahmen aus dem Jahre 1933, daß sie BARABASCHEFF selbst in

Photographische Photometrie der Jupiterscheibe. 93

seinen weiteren Arbeiten nicht weiter verwertete und ich sie auch zum Vergleich nicht herangezogen habe. Für die Randpunkte $u/a = 0{,}86$ beträgt hier der Helligkeitsabfall, der etwa dem mit violettem oder blauem Filter vergleichbar sein müßte, im hellen Äquatorstreifen nur $0^m{,}20$ bzw. $0^m{,}19$ gegen die Mitte, die Abweichung gegen LAMBERT $-0^m{,}51$ bzw. $-0^m{,}60$.

Ein Vergleich der von mir erhaltenen Werte mit den Filteraufnahmen von BARABASCHEFF aus dem Jahre 1933, dessen Aufnahmen zufälligerweise zu fast derselben Zeit stattfanden, zeigt auch einige, wenn auch erheblich geringere Widersprüche. Zum Zwecke des Vergleichs wurden meine Werte der Ost- und Westseite gemittelt und die Barabascheff-Werte auf meine Meßabstände interpoliert. Für die Abweichungen gegen LAMBERT ergibt sich dann folgendes (s. Tabelle 18 und 19).

Während beim Mittelstreifen sich die BARABASCHEFFschen Werte für

Tabelle 17. Abweichungen gegen LAMBERT.

Meßpunkt Nr.	Mittelstreifen						Seitenstreifen					
	u/a	violett	blau	gelb	rot I	rot II	u/b	violett	blau	gelb	rot I	rot II
Ost 20	0,86	$-0^m{,}12$	$+0^m{,}10$	$+0^m{,}18$	$+0^m{,}20$	$+0^m{,}13$	0,84	$-0^m{,}33$	$-0^m{,}17$	$+0^m{,}04$	$+0^m{,}13$	$+0^m{,}19$
19	82	-07	$+04$	$+14$	$+17$	$+14$	79	-28	-20	$+01$	$+12$	$+16$
18	77	-03	$+02$	$+12$	$+15$	$+14$	66	-16	-10	-02	$+05$	$+07$
15	64	$+04$	$+02$	$+08$	$+08$	$+11$	53	-10	-05	-01	$+03$	$+03$
12	52	$+05$	$+04$	$+06$	$+04$	$+08$	40	-06	-02	-00	$+02$	$+03$
9	39	$+04$	$+04$	$+05$	$+03$	$+05$	26	-04	-01	-01	$+01$	$+00$
6	26	$+03$	$+03$	$+04$	$+02$	$+02$	09	-01	-00	$+00$	$+00$	$+00$
2	09	$+01$	$+00$	$+02$	$+01$	$+00$						
0	00	$+01$	$+00$	$+01$	$+01$	$+00$	00	$+00$	$+00$	$+00$	$+00$	$+00$
2	09	$+00$	-01	$+00$	$+00$	$+00$	09	$+00$	$+00$	$+01$	$+00$	$+00$
6	26	$+01$	$+01$	$+03$	$+01$	$+01$	26	$+01$	$+01$	$+01$	$+01$	$+01$
9	39	$+02$	$+01$	$+05$	$+03$	$+04$	40	$+04$	$+02$	$+01$	$+04$	$+02$
12	52	$+03$	$+02$	$+06$	$+06$	$+09$	53	$+09$	$+05$	$+00$	$+05$	$+07$
15	64	$+04$	$+01$	$+08$	$+09$	$+16$	66	$+16$	$+10$	$+02$	$+06$	$+12$
18	77	$+03$	$+02$	$+12$	$+13$	$+19$	79	$+29$	$+20$	$+01$	$+05$	$+17$
19	82	-08	$+06$	$+15$	$+16$	$+19$	84	$+35$	$+25$	$+01$	$+08$	$+21$
West 20	86	-07	$+06$	$+18$	$+19$	$+24$						

Abweichungen gegen LAMBERT. (Vergleich mit BARABASCHEFF.)
Tabelle 18. Mittelstreifen.

	Barabascheff			Plaetschke			
u/b	blau 458 mμ	gelb 578	rot 652	violett 361	blau 384	gelb 528	rot I 642	rot II 670
0,00	0.ᵐ00	0.ᵐ00	0.ᵐ00	+0.ᵐ01	0.ᵐ00	+0.ᵐ01	+0.ᵐ01	0.ᵐ00
09	− 01	00	00	+ 01	00	+ 01	00	00
26	− 01	+ 01	+ 02	+ 02	+ 01	+ 04	+ 02	+ 01
39	− 01	+ 02	+ 02	+ 03	+ 02	+ 05	+ 03	+ 03
52	+ 01	+ 05	+ 02	+ 04	+ 03	+ 06	+ 05	+ 06
64	+ 05	+ 06	+ 03	+ 03	+ 02	+ 08	+ 08	+ 10
77	+ 07	+ 14	+ 12	− 02	+ 02	+ 12	+ 14	+ 15
86	+ 09	+ 37	+ 25	− 09	+ 08	+ 18	+ 20	+ 18

Tabelle 19. Seitenstreifen.

	Barabascheff			Plaetschke			
u/a	blau 458	gelb 578	rot 652	violett 361	blau 384	gelb 528	rot I 642	rot II 670
0,00	0.ᵐ00	0.ᵐ00	0.ᵐ00	0.ᵐ00	0.ᵐ00	0.ᵐ00	0.ᵐ00	0.ᵐ00
09	− 01	− 01	− 01	00	00	00	00	00
26	00	− 02	− 03	− 02	− 01	00	00	00
40	+ 02	− 01	− 02	− 05	− 02	00	+ 02	+ 02
53	+ 04	− 03	− 05	− 10	− 05	− 01	+ 04	+ 02
66	+ 11	− 04	− 04	− 16	− 10	− 02	+ 05	+ 07
79	+ 08	+ 07	+ 02	− 28	− 20	00	+ 09	+ 16
84	+ 06	+ 27	+ 07	− 34	− 21	+ 02	+ 10	+ 20

die verschiedenen Farben zwischen meine eigenen Werte noch einigermaßen zwanglos einordnen lassen, ist das beim Seitenstreifen schwerer möglich. Die größten Abweichungen gegen meine Werte zeigen die Randpunkte der Gelbaufnahmen von BARABASCHEFF. Die effektiven Wellenlängen und die Spektralbereiche der Aufnahmen fallen aber niemals zusammen. Es ist daher möglich, daß die Unterschiede zwischen BARABASCHEFF und mir den reellen Verhältnissen entsprechen und auf den verschiedenen Einfluß der bekannten Absorptionsbanden des Jupiterspektrums zurückzuführen sind.

Der Kontrast der Streifen. Interessant ist ein Vergleich des hellen mit dem dunklen Streifen in den verschiedenen Farben. Man sieht, wie verschieden der Kontrast zwischen den Streifen in den fünf Farben ist. Verglichen wurden (in Tabelle 20) Punkte des hellen Mittel- und des dunklen Seitenstreifens, die gleichen Abstand vom Zentralmeridian, also gleiche Meßpunktnummern haben. Die gemessenen Helligkeitsunterschiede solcher nebeneinanderliegender Punkte des Mittel- und Seitenstreifens sind dann in Größenklassen, wobei

$$\Delta m = m_{Seitenstreifen} - m_{Mittelstreifen}.$$

Photographische Photometrie der Jupiterscheibe.

Tabelle 20. Kontrast zwischen den Streifen.

Meßpunkt Nr.		u/a	violett	blau	gelb	rot I	rot II
Ost	19	0,82	0.^{m}33	0.^{m}38	0.^{m}22	0.^{m}10	0.^{m}31
	18	77	32	36	19	09	26
	15	64	34	43	18	05	17
	12	52	38	45	19	07	15
	9	39	42	46	21	07	16
	6	26	46	49	22	05	17
	2	09	50	53	25	06	19
	0	00	51	53	26	06	19
	− 2	− 09	52	53	26	07	19
	− 6	− 26	50	52	24	06	19
	− 9	− 39	46	50	23	06	19
	− 12	− 52	41	47	21	06	18
	− 15	− 64	34	44	18	05	20
	− 18	− 77	28	35	17	04	24
West	− 19	− 82	26	31	18	05	27

Ein Teil des hier dargestellten Kontrastes zwischen Mittel- und Seitenstreifen ist auf die allgemeine Randverdunkelung zurückzuführen, denn die Punkte des Seitenstreifens liegen ja dem Rande immer näher als die entsprechenden des Mittelstreifens. Korrigiert man die Zahlen der letzten Tabelle wegen der Unterschiede der Winkel i nach dem LAMBERTschem Gesetz, so bleiben als reduzierte Kontraste folgende Zahlen (Tabelle 21):

Tabelle 21. Kontrast zwischen beiden Streifen (nach LAMBERT reduziert).

Meßpunkt Nr.		u/a	violett	blau	gelb	rot I	rot II
Ost	19	0,82	0.^{m}23	0.^{m}23	0.^{m}12	0.^{m}00	0.^{m}21
	18	77	24	28	11	01	13
	15	64	29	37	12	00	12
	12	52	34	40	15	02	11
	9	39	38	42	17	03	13
	6	26	42	45	18	02	14
	2	09	47	50	22	03	16
	0	00	48	50	22	03	16
	− 2	− 09	49	49	22	03	16
	− 6	− 26	47	49	20	03	16
	− 9	− 39	43	46	19	02	16
	− 12	− 52	36	43	17	02	14
	− 15	− 64	29	38	13	00	14
	− 18	− 77	21	28	10	− 03	17
West	− 19	− 82	17	22	09	− 04	18

Beide Tabellen lehren uns folgendes: In den Mittelpartien zeigt sich deutlich die bekannte Abnahme des Kontrastes mit wachsender Wellenlänge. Der Kontrast zwischen hellem und dunklem Äquatorstreifen ist im Violetten und Blauen am größten, im Gelben geringer und nimmt bei rot I auf einen sehr geringen Betrag ab, um bei rot II wieder etwas anzusteigen. Besonders bemerkenswert ist die Veränderung des Kontrastes nach dem Jupiterrande hin. Während im Violetten der Kontrast nach dem Rande zu beträchtlich abnimmt, ist die Abnahme im Blauen etwas geringer, im Gelben erheblich geringer und kehrt sich im Roten sogar in eine geringe Zunahme um. Diese Tatsachen stehen zum Teil im Widerspruch zu den Ergebnissen von BARABASCHEFF, der für alle seine drei Farben keine systematischen Änderungen des Kontrastes beim Übergange von den zentralen Teilen der Jupiterscheibe zum Rande feststellt und daraus auf nahezu gleiche Niveauhöhe der beiden Streifen schließt. In Tabelle 22 gebe ich einen Vergleich zwischen den BARABASCHEFFschen Werten und den meinen. Entsprechend der Tabelle 21 sind die Kontrastwerte nach LAMBERT reduziert. Bei meinen Werten mußte wieder entsprechend BARABASCHEFF Ost- und Westhälfte gemittelt werden. Die Barabascheff-Werte wurden auf meine Meßpunkte interpoliert.

Tabelle 22. Kontrast zwischen beiden Streifen
(nach LAMBERT reduziert).
Vergleich BARABASCHEFF–PLAETSCHKE.

u/a	Barabascheff			Plaetschke				
	blau 458 mμ	gelb 578	rot 652	violett 361	blau 384	gelb 528	rot I 642	rot II 670
0,000	$0^{\mathrm{m}}31$	$0^{\mathrm{m}}23$	$0^{\mathrm{m}}20$	$0^{\mathrm{m}}48$	$0^{\mathrm{m}}50$	$0^{\mathrm{m}}22$	$0^{\mathrm{m}}03$	$0^{\mathrm{m}}16$
086	33	23	20	48	50	22	03	16
258	34	22	18	44	47	19	02	15
387	37	23	19	40	44	18	02	14
516	39	19	19	35	42	16	02	12
645	42	16	18	29	88	12	00	13
774	43	24	18	22	23	10	— 01	18
817	40	27	19	20	24	10	— 02	20
862	37	34	19	—	—	—	—	—
904	30	23	11	—	—	—	—	—

Ein Vergleich der absoluten Größe des Kontrastes ist nicht ohne weiteres zulässig, da dieser von der Breite des Photometrierspaltes abhängig ist. Wohl aber kann man aus dem Verlauf des Kontrastes nach dem Rande zu gewisse Schlüsse ziehen. Die wahre Größe des Kontrastes zwischen den Streifen in der Mitte der Jupiterscheibe läßt sich besser aus den Photometrierungen längs des Zentralmeridians feststellen. Ich gebe in der

Tabelle 23 die Helligkeiten längs des Zentralmeridians in Größenklassen für die Farben violett, blau, gelb und rot II. Rot I mußte, wie schon

Tabelle 23. **Helligkeitsverlauf längs des Zentralmeridians.**

Meßpunkt Nr.	v/k	violett	blau	gelb	rot II	Lambert
Nord						
18	0,83	$0^m{,}95$	$0^m{,}91$	$0^m{,}98$	$0^m{,}66$	$0^m{,}67$
17	78	84	79	85	57	
16	74	72	66	71	48	
15	69	62	56	61	40	38
14	64	57	48	52	36	
13	60	52	43	45	31	
12	55	48	40	40	25	22
11	51	43	37	36	23	
10	46	41	30	33	22	
9	41	46	34	32	20	11
8	37	53	45	32	17	
7	32	60	53	35	14	
	30	63	55	37	14	
6	28	65	53	35	13	05
5	23	56	45	31	08	
4	18	42	31	25	04	
3	14	27	16	18	03	
2	09	12	08	10	02	01
1	05	02	03	03	00	
		03	00	00	00	
0		00	02	04	01	00	00
− 1	− 05	11	10	04	01	
− 2	− 09	23	16	06	02	01
− 3	− 14	30	22	08	04	
− 4	− 18	38	28	11	06	
− 5	− 23	45	33	14	08	
− 6	− 28	50	38	16	14	05
	− 30	51	40	17	16	
− 7	− 32	50	41	19	17	
− 8	− 37	48	39	23	20	
− 9	− 41	49	37	26	24	12
− 10	− 46	44	34	30	29	
− 11	− 51	39	32	33	33	
− 12	− 55	44	40	37	40	22
− 13	− 60	51	49	40	47	
− 14	− 64	60	59	47	55	
− 15	− 69	69	69	54	66	39
− 16	− 74	80	80	63	79	
− 17	− 78	90	92	74	93	
− 18	− 83	1,05	1,07	87	1,13	68
Süd						

erwähnt, wegen der sehr ungenauen Bestimmung der Mitte weggelassen werden. v/k bedeutet den Abstand von der Jupitermitte in Einheiten der halben Meridianlänge. Der helle äquatoriale Mittelstreifen sowie der nördliche und der südliche dunkle Seitenstreifen wurden in der Tabelle durch die horizontalen Striche hervorgehoben. Besser noch sind die Verhältnisse in der nach Tabelle 23 gezeichneten Abb. 1 zu sehen, in der der Verlauf

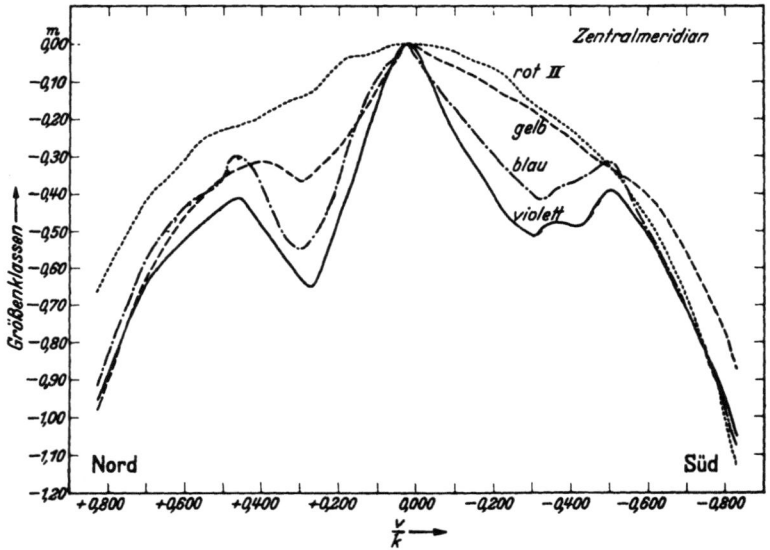

Abb. 1. Helligkeitsverlauf längs des Zentralmeridians.

der Helligkeit in vier Farben längs des Meridians veranschaulicht ist, wobei alle Helligkeiten auf die Mitte des hellen Streifens bezogen sind.

Es zeigt sich wieder die Abnahme des Kontrastes zwischen den Streifen, wenn man von kürzeren zu längeren Wellenlängen übergeht. Der südliche dunkle Streifen ist nur im Violetten und Blauen deutlich erkennbar. Der nördliche (photometrierte) dunkle Streifen ist im Violetten und Blauen sehr deutlich ausgeprägt, im Gelben weniger; im Roten ist er kaum noch zu erkennen. Im Violetten, Blauen und besonders im Roten ist die Nordpolzone heller als die Südpolzone, im Gelben ist umgekehrt die Südpolzone heller. Da die Helligkeiten jedes Meridianschnittes immer auf die jeweilige Maximalhelligkeit des Schnittes bezogen sind, können absolute Helligkeiten in den verschiedenen Farben nicht miteinander verglichen werden. In der letzten Spalte der Tabelle 23 gebe ich noch einige Helligkeiten, wie sie sich bei Annahme des LAMBERTschen Gesetzes ergeben müßten.

Die visuellen Beobachtungen von E. Schoenberg. Im folgenden bringe ich die schon erwähnten visuellen Beobachtungen von E. SCHOENBERG. Nr. 1 bis 35 wurden im Jahre 1927 am SCHMIDTschen Spiegelteleskop, Nr. 40 bis 86 in den Jahren 1928 bis 1930 am 9zölligen Refraktor der Breslauer Zweigsternwarte Sternblick bei Winzig mit dem von E. SCHOENBERG konstruierten Photometer, mit welchem auch die Venusbeobachtungen gemacht worden sind, erhalten. Photometriert wurden ebenfalls der helle Äquatorstreifen und der nördliche dunkle äquatoriale Streifen, und zwar auf jedem Streifen fünf Punkte. Punkt 1 war der Meridianpunkt des Streifens, Punkt 2 und 3 lagen in halber Entfernung zum Rande, Punkt 4 und 5 lagen um $1/4$ der halben Streifenlänge vom Rande entfernt, und zwar jeweils 3 und 5 auf der Sonnenseite des Planeten und 2 und 4 auf der anderen Seite, wo die Phase sich bemerkbar macht. *Vor* der Opposition bedeutete also 3 und 5 Ostseite, 2 und 4 Westseite des Planeten, *nach* der Opposition war es umgekehrt. Die Reduktion der Beobachtungen nebst Berechnung der Winkel α, i und ε ist von Herrn Gymnasialprofessor PFAFF vorgenommen worden. Die Beobachtungen wurden nach den Phasenwinkeln, Streifen und Filtern in Gruppen zusammengefaßt, und es wurde später mit Gruppenmitteln gerechnet. Ich gebe die Einzelbeobachtungen, aber schon nach den Gruppen geordnet. Die Zeiten sind Weltzeit. Die Filter rot, gelb, grün und blau wurden schon oben behandelt. Das auch bei den Venusbeobachtungen[1]) benutzte violette Filter mit einer maximalen Durchlässigkeit bei 400 mμ (effektive Wellenlänge für Auge + Filter etwa 500 mμ) wurde nicht besonders untersucht, da nur sehr wenige Beobachtungen mit ihm gemacht worden sind und die aus ihnen berechneten Werte nur geringes Gewicht haben. Beobachtungen, die aus irgendwelchen Gründen schon bei der Gruppenbildung ausscheiden mußten, sind hier schon weggelassen worden. Die Helligkeiten sind in Größenklassen angegeben, wobei jedoch hier, umgekehrt wie sonst üblich, größere Zahlen größere Helligkeiten bedeuten. Daß die Helligkeiten der verschiedenen Beobachtungen sehr verschiedene Größen haben, stört weiter nicht, da ja nur relative Helligkeiten, Größenklassendifferenzen gegen die Mittelhelligkeit benutzt werden. Die Größen g stellen die Gewichte der Beobachtungen dar, die aus Bildgüte und Beobachtungsgüte abgeleitet worden sind.

---

[1]) Untersuchungen über die Atmosphäre des Planeten Venus. Sitzungsber. d. preuß. Akad. d. Wiss., Phys.-math. Klasse, 1931, XXI.

Visuelle Beobachtungen Schoenberg.
Tabelle 24. Heller Streifen.

Nr.	Weltzeit		α	Beobachtete Helligkeiten					g	i/ε				
				1	2	3	4	5		1	2	3	4	5
21	1927 Dez. 5	16h58	11,22	2ᵐ351	2ᵐ242	2ᵐ024	1ᵐ332	1ᵐ571	1,73	11,98 / 3,86	41,42 / 30,22	19,18 / 30,22	59,94 / 48,72	37,56 / 48,72
22	1927 Dez. 5	17h18	11,22	2,794	2,457	2,620	1,970	2,384	1,73	11,98 / 3,86	41,42 / 30,22	19,18 / 30,22	59,94 / 48,72	37,56 / 48,72
					1. Violettes Filter.									
					2. Blaues Filter.									
68	1929 Nov. 8	1h02	5,52	5ᵐ026	4ᵐ594	4ᵐ872	4ᵐ154	4ᵐ324	1,58	10,83 / 6,17	39,38 / 30,55	21,73 / 30,55	57,80 / 48,90	39,95 / 48,90
2	1927 Okt. 27	22h08	7,23	3,133	2,506	2,904	1,741	2,514	1,22	8,41 / 4,28	37,46 / 30,28	23,13 / 30,28	55,96 / 48,75	41,55 / 48,75
73	1930 Jan. 11	19h18	7,70	3,949	3,674	3,890	3,153	3,355	1,73	9,43 / 5,48	38,07 / 30,46	22,88 / 30,46	56,50 / 48,64	41,18 / 48,64
6	1927 Okt. 30	20h26	7,72	3,199	2,787	3,054	2,277	2,602	1,73	8,84 / 4,27	37,94 / 30,28	22,65 / 30,28	56,45 / 48,75	41,06 / 48,75
86	1930 Jan. 12	23h42	7,88	2,690	2,325	2,557	1,778	2,220	1,73	9,50 / 5,48	38,23 / 30,46	22,70 / 30,46	56,68 / 48,64	41,00 / 48,64
10	1927 Nov. 13	18h27	9,60	4,632	4,195	4,409	3,867	4,247	2,00	10,45 / 4,06	39,80 / 30,24	20,78 / 30,24	58,32 / 48,73	39,18 / 48,73
16	1927 Nov. 14	20h13	9,71	4,730	4,444	4,681	3,932	4,435	1,87	10,56 / 4,01	39,90 / 30,24	20,67 / 30,24	58,43 / 48,72	39,07 / 48,72
20	1927 Dez. 3	19h37	11,16	4,696	4,344	4,494	3,755	4,243	1,87	11,93 / 3,85	41,36 / 30,22	19,23 / 30,22	59,90 / 48,72	37,61 / 48,72
30	1927 Dez. 6	17h30	11,33	2,799	2,495	2,611	2,012	2,352	1,58	12,10 / 3,82	41,52 / 30,22	19,09 / 30,22	60,05 / 48,72	37,47 / 48,72

Photographische Photometrie der Jupiterscheibe.

Nr.	Weltzeit		a	Beobachtete Helligkeiten					g			i		
				1	2	3	4	5		1	2	3	4	5

3. Grünes Filter.

53	1928 März 6	18h00	4°,56	3m,504	3m,108	3m,118	2m,663	2m,527	1,58	6°,15 / 4,05	34°,70 / 30,24	25°,92 / 30,24	53°,22 / 48,75	44°,35 / 48,75
50	1928 März 5	18h04	4,69	3,185	2,526	3,017	2,169	2,260	1,73	6,27 / 4,04	34,90 / 30,24	25,74 / 30,24	53,38 / 48,75	44,15 / 48,75
71	1930 Jan. 11	18h32	7,70	4,012	3,857	3,910	3,311	3,645	2,00	9,43 / 5,48	38,07 / 30,46	22,88 / 30,46	56,50 / 48,64	41,18 / 48,64
79	1930 Jan. 12	21h21	7,87	3,953	3,511	3,764	2,894	3,303	2,00	9,50 / 5,48	38,23 / 30,46	22,70 / 30,46	56,68 / 48,64	41,00 / 48,64
63	1929 Sept. 29	22h04	10,76	4,667	4,218	4,572	3,767	4,272	1,58	12,20 / 5,79	40,13 / 30,50	20,03 / 30,50	59,33 / 48,88	38,18 / 48,88
54	1929 Sept. 27	22h53	10,89	4,974	4,730	4,930	4,154	4,497	2,12	12,32 / 5,79	40,27 / 30,50	19,86 / 30,50	55,72 / 48,88	38,0 / 48,88

4. Gelbes Filter.

41	1928 März 2	17h13	5°,15	2m,997	2m,778	2m,659	2m,418	2m,150	1,87	6°,62 / 4,03	35°,28 / 30,24	25°,32 / 30,24	53°,78 / 48,75	43°,75 / 48,75
70	1929 Nov. 8	1h33	5,52	4,505	4,195	4,390	3,641	4,048	1,73	10,83 / 6,17	39,38 / 30,55	21,73 / 30,55	57,80 / 48,90	39,96 / 48,90
74	1930 Jan. 11	19h38	7,70	4,063	3,614	3,845	2,973	3,381	2,00	9,43 / 5,48	38,07 / 30,46	22,88 / 30,46	56,50 / 48,64	41,18 / 48,64
4	1927 Okt. 30	19h54	7,71	4,983	4,676	4,836	3,875	4,421	2,00	8,84 / 4,27	37,94 / 30,28	22,65 / 30,28	56,45 / 48,75	41,06 / 48,75

Nr.	Weltzeit	α	Beobachtete Helligkeiten					g	i/e				
			1	2	3	4	5		1	2	3	4	5
78	1930 Jan. 11 22h58	7,73	2m874	2m639	2m689	1m992	2m503	1,73	9°42 / 5,48	38°07 / 30,46	22°87 / 30,46	56°53 / 48,64	41°15 / 48,64
84	1930 Jan. 12 23h12	7,88	2,795	2,232	2,486	1,706	2,056	2,12	9,50 / 5,48	38,23 / 30,46	22,70 / 30,46	56,68 / 48,64	41,00 / 48,64
14	1927 Nov. 13 19h38	9,60	4,800	4,529	4,670	3,955	4,362	1,87	10,50 / 4,06	39,81 / 30,24	20,76 / 30,24	58,33 / 48,73	39,18 / 48,73
18	1927 Nov. 14 20h42	9,71	4,619	4,184	4,556	3,700	4,196	2,00	10,56 / 4,01	39,90 / 30,24	20,67 / 30,24	58,43 / 48,72	39,07 / 48,72
64	1929 Sept. 29 22h22	10,76	4,770	4,254	4,626	3,656	4,181	1,58	12,20 / 5,79	40,13 / 30,50	20,03 / 30,50	59,33 / 48,88	39,18 / 48,88
59	1929 Sept. 28 22h50	10,82	4,890	4,590	4,702	3,938	4,246	1,87	12,25 / 5,79	40,20 / 30,50	19,93 / 30,50	59,42 / 48,88	38,12 / 48,88

5. Rotes Filter.

Nr.	Weltzeit	α	1	2	3	4	5	g	1	2	3	4	5
52	1928 März 6 17h46	4,56	3m766	3m390	3m385	2m874	2m868	1,73	6°15 / 4,05	34°70 / 30,24	25°92 / 30,24	53°22 / 48,75	44°35 / 48,75
48	1928 März 5 17h30	4,70	2,710	2,383	2,449	1,772	1,926	2,00	6,27 / 4,04	34,90 / 30,24	25,74 / 30,24	53,38 / 48,75	44,15 / 48,75
44	1928 März 3 17h05	4,97	3,510	3,092	3,236	2,687	2,753	1,73	6,62 / 4,03	35,28 / 30,24	25,32 / 30,24	53,78 / 48,75	43,75 / 48,75
43	1928 März 2 17h44	5,15	2,056	1,772	1,819	1,105	1,433	1,73	6,62 / 4,03	35,28 / 30,24	25,32 / 30,24	53,78 / 48,75	43,75 / 48,75
69	1929 Nov. 8 1h22	5,52	4,267	4,009	4,105	3,466	3,700	1,87	10,83 / 6,17	39,38 / 30,55	21,73 / 30,55	57,80 / 48,90	39,95 / 48,90

Tabelle 25. Dunker Streifen.

Nr.	Weltzeit		α	Beobachtete Helligkeiten					g	1	2	3 $\frac{i}{\varepsilon}$	4	5
				1	2	3	4	5						
72	1930 Jan. 11	18h58	7°70	3m065	2m608	2m874	2m078	2m538	2,00	9,43 / 5,48	38,07 / 30,46	22°88 / 30,46	56°50 / 48,64	41°18 / 48,64
77	1930 Jan. 11	22h40	7,72	3,019	2,640	2,815	2,161	2,452	1,58	9,42 / 5,48	38,07 / 30,46	22,87 / 30,46	56,53 / 48,64	41,15 / 48,64
83	1930 Jan. 12	22h24	7,88	4,577	4,325	4,425	3,736	4,103	1,73	9,50 / 5,48	38,23 / 30,46	22,70 / 30,46	56,68 / 48,64	41,00 / 48,64
12	1927 Nov. 13	19h11	9,60	4,239	3,852	4,071	3,407	3,816	2,00	10,45 / 4,06	39,80 / 30,24	20,78 / 30,24	58,32 / 48,73	39,18 / 48,73
62	1929 Sept. 29	21h45	10,76	4,443	3,999	4,416	3,433	4,092	1,58	12,20 / 5,79	40,13 / 30,50	20,03 / 30,50	59,33 / 48,88	38,18 / 48,88
57	1929 Sept. 28	22h19	10,82	4,640	4,309	4,494	3,776	4,085	1,73	12,25 / 5,79	40,20 / 30,50	19,93 / 30,50	59,42 / 48,88	38,12 / 48,88
56	1929 Sept. 27	23h29	10,88	4,794	4,481	4,764	3,990	4,318	2,00	12,32 / 6,79	40,27 / 30,50	19,85 / 30,50	59,72 / 48,88	38,03 / 48,88
34	1927 Dez. 29	17h18	11,23	4,311	3,781	4,052	3,191	3,536	1,58	12,00 / 3,82	41,43 / 30,22	19,18 / 30,22	57,96 / 48,72	37,56 / 48,72

1. Violettes Filter.

Nr.	Weltzeit		α	Beobachtete Helligkeiten					g	1	2	3 $\frac{i}{\varepsilon}$	4	5
				1	2	3	4	5						
23	1927 Dez. 5	17h45	11°22	3m041	2m725	3m001	2m361	2m671	1,41	20°28 / 16,66	44°28 / 34,06	25°05 / 34,06	61°74 / 51,19	41°21 / 51,19
24	1927 Dez. 5	17h56	11,22	3,162	2,669	2,892	2,594	2,657	1,22	20,38 / 16,66	44,38 / 34,06	25,05 / 34,06	61,74 / 51,19	41,21 / 51,19

8*

Nr.	Weltzeit		α	Beobachtete Helligkeiten					g	1	2	3	4	5
				1	2	3	4	5						
				2. Blaues Filter.										
7	1927 Okt. 30	21ʰ18	7°,72	2ᵐ,505	2ᵐ,293	2ᵐ,594	1ᵐ,908	2ᵐ,278	1,73	18°,66 / 17,00	41°,10 / 34,23	27°,60 / 34,23	58°,46 / 51,31	44°,33 / 51,31
8	1927 Okt. 30	21ʰ53	7,72	2,371	2,099	2,536	1,761	2,166	1,73	18,66 / 17,00	41,10 / 34,23	27,60 / 34,23	58,46 / 51,31	44,33 / 51,31
11	1927 Nov. 13	18ʰ43	9,60	4,199	3,937	4,105	3,583	3,832	2,00	19,46 / 16,83	42,72 / 34,15	26,30 / 34,15	60,21 / 51,25	42,58 / 51,25
17	1927 Nov. 14	20ʰ26	9,71	4,443	4,164	4,370	3,682	4,187	1,87	19,51 / 16,81	42,89 / 34,14	26,12 / 34,14	60,14 / 51,24	42,55 / 51,24
31	1927 Dez. 6	18ʰ06	11,33	2,508	2,362	2,348	1,765	2,041	1,41	20,34 / 16,60	44,38 / 34,03	25,00 / 34,03	61,84 / 51,17	41,14 / 51,17
				3. Grünes Filter.										
49	1928 März 5	17ʰ49	4°,69	3ᵐ,241	2ᵐ,890	3ᵐ,027	2ᵐ,352	2ᵐ,506	1,73	18°,08 / 17,15	38°,35 / 34,28	30°,52 / 34,28	55°,75 / 51,33	47°,28 / 51,33
80	1930 Jan. 12	21ʰ38	7,87	3,236	2,394	3,057	1,793	2,412	2,00	19,70 / 18,20	41,68 / 34,98	28,53 / 34,98	58,95 / 51,73	44,62 / 51,73
81	1930 Jan. 12	21ʰ38	7,87	2,570	2,344	2,507	1,797	2,073	2,00	19,70 / 18,20	41,68 / 34,98	28,53 / 34,98	58,95 / 51,73	44,62 / 51,73
82	1930 Jan. 12	22ʰ07	7,87	4,713	4,565	4,587	3,927	4,303	1,87	19,70 / 18,20	41,68 / 34,98	28,53 / 34,98	58,95 / 51,73	44,62 / 51,73
66	1929 Sept. 29	23ʰ00	10,75	4,430	4,044	4,300	3,444	4,024	1,73	21,47 / 18,58	44,50 / 35,03	26,43 / 35,03	61,77 / 51,87	42,27 / 51,87
55	1929 Sept. 27	23ʰ10	10,88	4,707	4,461	4,585	3,975	4,374	2,24	21,47 / 18,58	44,63 / 35,03	26,37 / 35,03	61,92 / 51,87	42,15 / 51,87

Photographische Photometrie der Jupiterscheibe. 105

Nr.	Weltzeit		a	Beobachtete Helligkeiten					g	i/ϵ				
				1	2	3	4	5		1	2	3	4	5
				4. Gelbes Filter.										
5	1927 Okt. 30	20h08	7°,71	4m,679	4m,313	4m,460	3m,511	3m,952	1,73	18h,66 17,00	41°,10 34,23	27°,60 34,23	58°,46 51,31	44°,33 51,31
75	1930 Jan. 11	19h57	7,71	3,794	3,240	3,526	2,751	2,834	2,12	19,63 18,20	41,54 34,98	28,67 34,98	58,78 51,73	44,77 51,73
76	1930 Jan. 11	22h16	7,72	3,846	3,692	3,730	3,101	3,502	1,73	19,67 18,20	41,58 34,98	28,63 34,98	58,80 51,73	44,75 51,73
85	1930 Jan. 12	23h26	7,88	2,391	1,872	2,246	1,177	1,674	2,00	19,70 18,20	41,68 34,98	28,53 34,98	58,95 51,73	44,62 51,73
15	1927 Nov. 13	19h50	9,61	4,464	4,171	4,322	3,729	4,135	2,00	19,46 16,83	42,80 34,15	26,29 34,15	60,22 51,25	42,64 51,25
19	1927 Nov. 14	20h55	9,71	4,277	4,102	4,291	3,626	4,057	1,58	19,51 16,81	42,89 34,14	26,12 34,14	60,14 51,24	42,55 51,24
67	1929 Sept. 29	23h22	10,75	4,567	4,042	4,385	3,462	4,070	1,73	21,47 18,58	44,50 35,03	26,43 35,03	61,77 51,87	42,27 51,87
60	1929 Sept. 28	23h01	10,82	4,657	4,224	4,469	3,643	4,138	2,00	21,50 18,58	44,57 35,03	26,40 35,03	61,83 51,87	42,22 51,87
				5. Rotes Filter.										
51	1928 März 6	17h05	4°,56	5m,063	4m,915	4m,984	4m,665	4m,420	1,41	17h,97 17,11	38°,33 34,28	30°,67 34,28	55°,62 51,33	47°,45 51,33
47	1928 März 5	17h12	4,70	2,794	2,563	2,626	1,843	1,825	1,87	18,08 17,15	38,35 34,28	30,52 34,28	55,75 51,33	47,28 51,33
45	1928 März 3	17h23	4,97	2,603	2,523	2,465	1,913	2,206	1,87	18,22 17,14	38,85 34,28	30,23 34,28	56,09 51,33	46,92 51,33
42	1928 März 2	17h30	5,15	2,063	1,695	1,689	1,231	1,141	1,78	18,22 17,14	38,85 34,28	30,23 34,28	56,00 51,33	46,22 51,33

106   JOHANNES PLAETSCHKE,

Nr.	Weltzeit	α	Beobachtete Helligkeiten					g			i e		
			1	2	3	4	5		1	2	3	4	5
13	1927 Nov. 13 19h24	9,60	3m,979	3m,682	3m,851	3m,143	3m,425	1,73	19,46 / 16,83	42,72 / 34,15	26,30 / 34,15	60,21 / 51,25	42,58 / 51,25
65	1929 Sept. 29 22h38	10,76	4,249	3,801	4,210	3,086	3,812	1,73	21,47 / 18,58	44,50 / 35,03	26,43 / 35,03	61,77 / 51,87	42,27 / 51,87
61	1929 Sept. 28 23h14	10,82	4,561	4,204	4,416	3,633	4,010	2,00	21,50 / 18,58	44,57 / 35,03	26,40 / 35,03	61,83 / 51,87	42,22 / 51,87
35	1929 Dez. 29 17h50	11,23	3,876	3,573	3,787	3,209	3,366	1,58	20,32 / 16,60	44,30 / 34,03	25,07 / 34,03	61,76 / 51,17	41,22 / 51,17

Bemerkungen zu diesen Beobachtungen.

Zu Nr. 42 (dunkler Streifen, rotes Filter): Dunkler Streifen im roten Filter schlecht sichtbar.
Zu Nr. 45 (dunkler Streifen, rotes Filter): Streifen im roten Filter fast unsichtbar.
1929 September 27 23³⁶ bemerkte ich am rechten (westlichen) Jupiterrande einen Trabanten (III), der, sich noch nicht ganz auf die Jupiterscheibe projizierend, deutlich heller war als der Rand des Planeten. 23³¹ nach meiner Taschenuhr trat die Loslösung vom Rande ein. Im blauen und im roten Filter erscheint der Helligkeitsunterschied Rand gegen Trabanten am geringsten, im grünen am stärksten. Vollständige Loslösung mit Sicherheit 23³⁴ festgestellt.
Zu Nr. 55 (dunkler Streifen, grünes Filter): Alle Streifen werden am Rande heller und undeutlicher, verschwinden zum Teil ganz.
Zu Nr. 61 (dunkler Streifen, rotes Filter) auch im roten Filter verschwinden die dunklen Streifen am Rande.
Zu Nr. 80/81 (dunkler Streifen, grünes Filter): R_1 (Punkt 3) im dunklen breiten Fleck, R_2 (Punkt 5) dunkler Streifen im Grünen fast bis an den Rand sichtbar.
1930 März 10 19¹⁰—19³⁰ (südlicher dunkler Streifen, gelbes Filter): Sichtbar ein breiter dunkler Streifen und ein schmaler auf der südlichen Halbkugel, zwei schmale Streifen auf der nördlichen Halbkugel. Im gelben Filter verschwindet der breite gemessene Streifen im Punkte L_2 und R_2 (Punkt 4 und 5).
20⁰⁰—20¹⁵ (heller Streifen, rotes Filter): Im Roten sind die Streifen weniger sichtbar als in Grün und Gelb, erstrecken sich aber scheinbar weiter bis an den Rand.
1930 April 3 20¹⁹—20⁴¹ (südlicher dunkler Streifen, grünes Filter): Im grünen Filter erscheinen die dunklen Streifen ziegelrot.

Die Transmissionskoeffizienten. Der Verlauf der Helligkeitsabnahme für die einzelnen Wellenlängen ist so verschieden und abweichend von demjenigen, den man bei reiner Streuung oder reiner Absorption zu erwarten hätte, daß seine Deutung eine eingehende Untersuchung beider Ursachen in allen Wellenlängen mit Rücksicht auf die Lage der bekannten Absorptionsbanden des Jupiterspektrums erfordert. Zunächst wollen wir die Streuung außer acht lassen und die Tr. k. aus der elementaren Formel (11) ableiten, um aus ihrem Verlauf zu ersehen, wie weit sich die genannten Absorptionsbanden auf die Durchlässigkeit der Jupiteratmosphäre auswirken. Als Reflexionsgesetz der Oberfläche wurden die Gesetze $f(i, \varepsilon) = \cos i \cos \varepsilon$ (LAMBERT), $f(i, \varepsilon) = \cos \varepsilon$ und $f(i, \varepsilon) = \dfrac{\cos i \cos \varepsilon}{\cos i + \cos \varepsilon}$ (SEELIGER) angenommen und die Tr. k. für Mittel- und Seitenstreifen, alle fünf Farben

Tabelle 26. Transmissionskoeffizienten SCHOENBERG.

$f(i, \varepsilon)$	Mittelstreifen					Seitenstreifen				
	violett	blau	grün	gelb	rot	violett	blau	grün	gelb	rot
$\cos i \cdot \cos \varepsilon$ (LAMBERT)	0,798 807 889 836	0,668 807 889 836	0,609 820 869 850 734	0,810 708 719 850 734	0,678 794 784 834 776	0,917	1,05 0,968	0,743 929 911	0,659 844 766	0,812 821 825 867
$\cos \varepsilon$	0,531 534 590 557	444 534 590 557	402 543 580 565 490	536 468 475 565 490	447 526 519 555 519	621	700 656	500 630 619	446 570 521	547 553 560 589
$\dfrac{\cos i \cdot \cos \varepsilon}{\cos i + \cos \varepsilon}$ (SEELIGER)	0,540 539 597 566	447 539 597 566	403 547 586 571 496	539 472 479 571 496	449 530 523 561 524	632	715 665	503 634 625	450 577 530	549 554 567 598

und diese drei Reflexionsgesetze ausgerechnet. Ich beschränkte mich dabei auf jeweils 15 Punkte längs eines Streifens, die den Helligkeitsverlauf jeweils genügend genau darstellen. Es ergab sich so für jedes Filter, jeden Streifen und jedes Gesetz ein Wert für den Tr. k. Diese sind in Tabelle 27 zusammengefaßt. Auch aus den BARABASCHEFFschen Helligkeiten[1]) wurden in derselben Weise die Tr. k. berechnet. Es standen für beide Streifen und drei Filter jeweils 16 Helligkeiten zur Verfügung, die immer das Mittel zweier im gleichen Abstande von der Mitte gemessenen Helligkeiten waren.

---

[1]) ZS. f. Astrophys. 8, 180/181, 1934.

Die Mittelung rechts und links beeinflußte das Resultat nur unwesentlich, wie ich durch einen praktischen Versuch an meinen Aufnahmen feststellte. Diese Werte des Tr. k. finden sich ebenfalls in der Tabelle 27. Schließlich berechnete ich auch aus den SCHOENBERGschen visuellen Helligkeiten die Tr. k., und zwar für jede der oben angeführten Gruppen besonders (Tabelle 26). In jeder Gruppe wurden zunächst mittlere Helligkeiten für jeden der fünf gemessenen Punkte gebildet und ebenso die entsprechenden Winkel gemittelt, und zwar nach den in Tabelle 24 und 25 angegebenen Gewichten. Bei beiden Streifen umfaßt jedes der fünf Filter eine bis fünf Gruppen, deren Tr. k. später nach ihren Gewichten gemittelt wurde. Da die Schwankungen der Werte der Tr. k. von Gruppe zu Gruppe nicht unbeträchtlich sind, gebe ich zuerst die Einzelwerte jeder Gruppe für sich. Die Beobachtungen Nr. 80 und 76 (dunkler Streifen grün bzw. gelb) mußten noch ausgeschlossen werden, da ihre Helligkeiten sehr stark von den anderen abwichen.

Die Mittelwerte für jedes Filter und jeden Streifen gebe ich mit den nach meinen Messungen und den Messungen von BARABASCHEFF berechneten Tr. k. in Tabelle 27. Die Werte für Violett und Blau — Seitenstreifen — wurden eingeklammert, da sie, nur aus einer bzw. zwei Gruppen gewonnen, sehr unsicher sind.

Tabelle 27. Transmissionskoeffizienten p_λ.

Beobachter	Filter	Effekt. Wellenlänge	Mittelstreifen			Seitenstreifen		
			Lambert	cos ε	Seeliger	Lambert	cos ε	Seeliger
PLAETSCHKE (photogr.)	violett	361mμ	1,014	0,686	0,687	1,217	0,829	0,829
	blau	384	0,963	652	654	140	777	777
	gelb	528	900	608	609	005	685	686
	rot I	642	902	610	611	0,941	641	642
	rot II	670	893	604	605	941	620	620
BARABASCHEFF (photogr.)	blau	458	955	650	650	931	632	632
	gelb	578	861	586	586	923	627	627
	rot	652	894	608	608	957	661	661
SCHOENBERG (vis.)	violett	(500)	(798)	(531)	(540)	(917)	(621)	(632)
	blau	526	809	537	543	(1,000)	(673)	(685)
	grün	545	773	513	517	0,888	602	607
	gelb	564	764	507	511	740	501	507
	rot	610	767	509	513	832	563	567

Nach Formel (8) wurden aus diesen Tr. k. Schwächungskoeffizienten C berechnet und in Tabelle 28 zusammengestellt.

Photographische Photometrie der Jupiterscheibe.

Tabelle 28. Schwächungskoeffizienten C_λ.

Beobachter	Filter	Effekt. Wellenlänge	Mittelstreifen			Seitenstreifen		
			Lambert	cos ε	Seeliger	Lambert	cos ε	Seeliger
PLAETSCHKE (photogr.)	violett	361 mμ	− 0,013	+ 0,378	+ 0,376	− 0,196	+ 0,188	+ 0,188
	blau	384	+ 038	428	425	− 131	252	252
	gelb	528	106	497	495	− 005	378	377
	rot I	642	103	494	492	+ 061	445	444
	rot II	670	113	505	503	093	478	477
BABABASCHEFF (photogr.)	blau	458	046	431	431	072	460	460
	gelb	578	149	534	534	081	466	466
	rot	652	113	497	497	026	413	413
SCHOENBERG (vis.)	violett	(500)	(226)	(633)	(616)	(087)	(476)	(459)
	blau	526	212	622	611	(000)	(396)	(378)
	grün	545	257	668	660	119	507	499
	gelb	564	269	679	671	301	691	679
	rot	610	265	675	668	184	574	567

Die starke Streuung der SCHOENBERGschen Tr. k. in Tabelle 26 wird nicht nur auf die Unsicherheit der Einzelbeobachtungen (Einstellfehler auf der Jupiterscheibe und Nichtkonstanz der photometrischen Verhältnisse) zurückzuführen sein, sondern z. T. auch auf tatsächliche Veränderungen der Durchlässigkeit der Jupiteratmosphäre in dem langen Zeitraum (über 2 Jahre), über den sich die Beobachtungen erstrecken.

Die auf S. 11 erwähnte Extrapolation der Schwärzungskurve, welche die Zentralhelligkeiten von violett-Mittelstreifen um 0^m03. unsicher macht, stellt gleichzeitig ein Maß für die Genauigkeit meiner Einzelhelligkeiten überhaupt dar. Der daraus resultierende Fehler macht bei meinen Tr. k. in Tabelle 27 2,4 % aus.

In den Abb. 2 und 3 werden die Schwächungskoeffizienten C_λ, die aus den Tr. k. für die einzelnen Beobachter und Filter berechnet wurden, graphisch dargestellt. Dabei wurden sowohl das LAMBERTsche als das SEELIGERsche Gesetz zugrunde gelegt.

In Abb. 2 wurden außer den Werten der Schw. k. noch die Durchlässigkeitsbereiche der Kombinationen Platte—Filter bzw. Auge—Filter dargestellt, wobei abnehmende Durchlässigkeit durch Pünktchen angedeutet wurde. Die innerhalb der Bereiche stehenden Zahlen bedeuten die jeweiligen effektiven Wellenlängen. Auch die bekannten Linien und Banden des Jupiterspektrums wurden eingezeichnet [1]. Es erwies sich, daß die Übersicht

---

[1] V. M. SLIPHER, The spectra of the major planets, Lowell Obs. Bull. Nr. 42 (1909) und R. WILDT u. E. I. MEYER, Das Spektrum des Planeten Jupiter, Veröff. Göttingen Nr. 19 (1931) und ZS. f. Astrophys. 3, 354 (1931).

besser wurde, wenn die visuellen SCHOENBERGschen Werte von den photographischen BARABASCHEFFschen und eigenen Werten getrennt wurden,

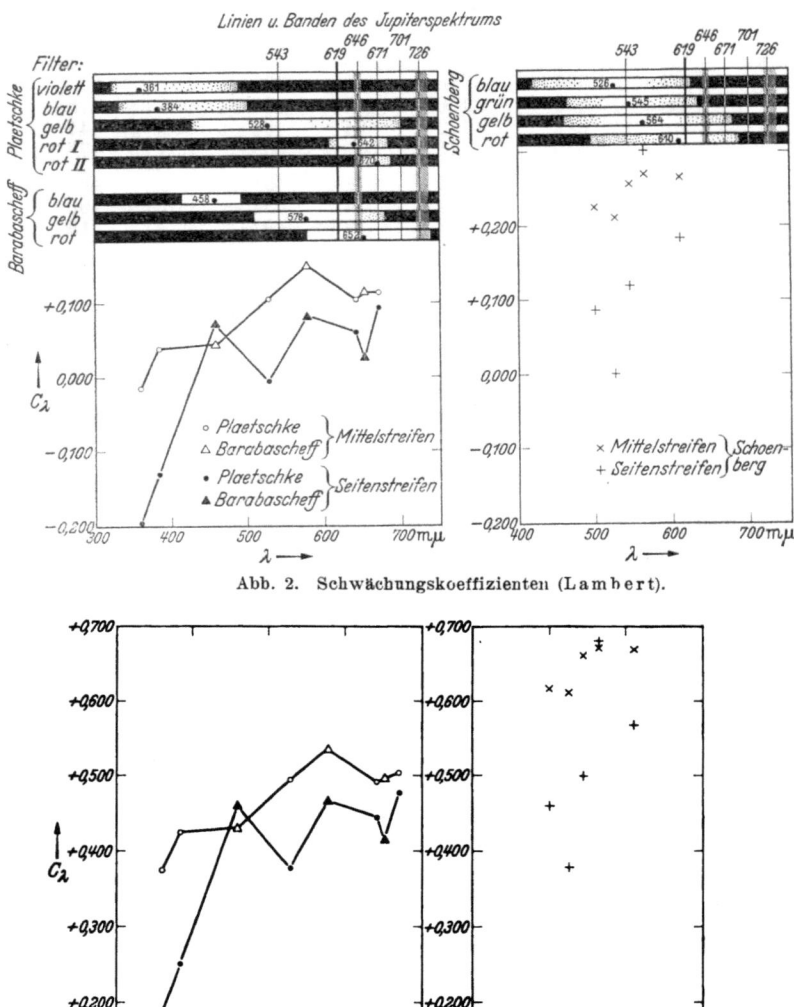

Abb. 2. Schwächungskoeffizienten (Lambert).

Abb. 3. Schwächungskoeffizienten (Seeliger).

zumal auch die SCHOENBERGschen Beobachtungen mehrere Jahre vor denen von BARABASCHEFF und mir gemacht worden sind und möglicherweise einen anderen Zustand der Jupiteratmosphäre kennzeichnen. Aus der Darstellung ist zu ersehen, daß bis auf je eine Ausnahme bei BARABASCHEFF und SCHOENBERG die Schw. k. für den hellen Mittelstreifen stets größer sind als für den dunklen Seitenstreifen. Der Verlauf mit der Wellenlänge ist für beide Streifen durchaus ähnlich, nur verläuft der Anstieg der Schw. k. mit zunehmender Wellenlänge im Seitenstreifen steiler als im Mittelstreifen. Die SCHOENBERGschen Werte liegen fast durchweg höher, zeigen aber denselben Gang wie die von BARABASCHEFF und mir. Ein Maximum der Schw. k. scheint im Mittelstreifen bei etwa 560 mµ angedeutet, im Seitenstreifen bei 660 mµ möglich. Der Verlauf der Schw. k. ist sowohl bei Annahme des LAMBERTschen wie des SEELIGERschen Reflexionsgesetzes der gleiche, wenn die Schw. k. auch im zweiten Falle erheblich größer sind.

Die Deutung der Ergebnisse. Bei der Deutung der Ergebnisse will ich mich auf den Abfall der Helligkeit nach dem Jupiterrande und auf die Schw. k. beschränken. Die Tatsache, daß der Helligkeitsabfall in beiden Streifen und für verschiedene Wellenlängen verschieden ist (Tabelle 11 bis 17), beweist, daß hier die Wirkung einer Atmosphäre vorliegt. Eine solche macht sich ja bekanntlich dadurch bemerkbar, daß sie bei überwiegender Streuung die Randhelligkeiten erhöht, bei überwiegender Absorption die Helligkeit der Randpunkte erniedrigt. Im ersten Falle wird der Helligkeitsabfall flacher, im zweiten steiler sein als ohne Atmosphäre. Aus meinen Messungen (s. besonders Tabelle 14, 16 und 17) ergibt sich eindeutig, daß der Abfall mit zunehmender Wellenlänge steiler, die Wirkung der Absorption also stärker wird. Hier kommt es aber auch auf das Verhältnis Streuung zur Absorption $\left(\text{in der Formel (7) auf das Verhältnis } \dfrac{c_\lambda}{C_\lambda} = \dfrac{c_\lambda}{c_\lambda + \gamma_\lambda}\right)$ und auf den Wert der Albedo A_λ der Oberfläche für das betreffende Filter an, wenn eine genaue Analyse des Helligkeitsabfalles durchgeführt werden soll, was in dieser Arbeit nicht berücksichtigt ist. Qualitativ drängen sich hier die folgenden Betrachtungen auf:

Absorptionsbanden sind im Spektrum erst von 543 mµ an vorhanden. Die Filter violett und blau bei mir und blau bei BARABASCHEFF enthalten also keine Banden, während alle übrigen Filter solche mehr oder weniger in sich schließen (s. Abb. 2).

Geht man vom LAMBERTschen Gesetz als Reflexionsgesetz der Oberfläche aus, das selbst schon eine beträchtliche Randverdunkelung zeigt, so sieht man, daß für den Mittelstreifen im Violetten für die Randpunkte die relative Streuwirkung am größten, im Blauen geringer ist, wenn auch die tatsächlichen Abweichungen gegen LAMBERT ziemlich gering sind. Da nun die Absorption infolge Fehlens von Absorptionsbanden gering sein wird, kann auch die Streuung in beiden Farben ebenfalls nur gering sein. Im Gelben und Roten überwiegt die Absorption deutlich die Streuuwirkng, wie es ja auch durch die Anwesenheit von Absorptionsbanden zu vermuten ist.

Im Seitenstreifen ist im Violetten und auch noch im Blauen die Wirkung der Streuung stark überwiegend gegenüber der sicher kleinen Absorption. Im Gelben sind Streuwirkung und Absorptionswirkung etwa gleich, während im Roten die Absorptionswirkung stärker wird.

Nimmt man als Reflexionsgesetz der Jupiteroberfläche das SEELIGERsche Gesetz an, das bei Mittel- und Seitenstreifen für die Randpunkte (Punkt 20 bzw. 19) relative Helligkeiten gegenüber der Mitte (0^m00), im Osten von $+ 0^m05$, im Westen von $- 0^m05$ ergeben würde (im Westen wäre dieser Randpunkt also etwas heller als die Mitte), so würde sich durchweg für alle Filter und beide Streifen eine sehr große Absorptionswirkung neben kaum merklicher Streuung ergeben; die Absorptionswirkung würde wie bei LAMBERT mit der Wellenlänge zunehmen.

Die Einbeziehung der BARABASCHEFFschen Werte des Helligkeitsverlaufs (Tabelle 18 und 19) ist etwas schwierig, da sie sich in die Systematik meiner Beobachtungen schlecht einordnen lassen.

In Übereinstimmung mit meinen Messungen ist der Abfall im Seitenstreifen flacher als im Mittelstreifen, die relative Streuwirkung im Seitenstreifen also größer als im Mittelstreifen. Hinsichtlich der verschiedenen Farben zeigt sich hier das gelbe Filter für die Randpunkte die stärkste Absorptionswirkung, was aber auch auf die besonders starke Absorption der in diesem Bereiche befindlichen drei starken Absorptionsbanden bei 543, 619 und 646 mµ zurückzuführen sein kann.

Beim Betrachten der Schw. k. fällt auf, daß bei Annahme des LAMBERTschen Gesetzes einige Schw. k. negativ sind. Das ist aber dadurch zu erklären, daß ja bei Ausrechnung der Schw. k. die Streuung vernachlässigt wurde, während gerade bei den betreffenden Werten (Mittelstreifen-violett, Seitenstreifen-violett und -blau) die Streuung die Absorption überwiegt, so daß die tatsächlichen Schw. k. größer sein werden.

Die von SLIPHER[1]) beobachtete auffällige Abschwächung der zusammengesetzten Bande bei 646 mµ im Spektrum des dunklen Streifens

---

[1]) V. M. SLIPHER, Spectrographic studies of the planets, Monthly Notices **93**, 663, 1933.

gegenüber dem des hellen Äquatorstreifens macht sich in meinem Filter rot I und im BARABASCHEFFschen Rotfilter, die beide ihre effektive Wellenlänge nahe bei 646 mµ haben, bemerkbar, vielleicht auch bei den Gelbfilteraufnahmen von BARABASCHEFF und mir und dem SCHOENBERGschen Rotfilter. Während nämlich bei meinem Filter rot II die Werte des Schw. k. von Mittel- und Seitenstreifen sehr nahe beieinander liegen, sind für die dicht dabei liegenden Filter rot I und Barabascheff-rot die Schw. k. für den Seitenstreifen merklich geringer als für den Mittelstreifen. Bei den anderen genannten Filtern fehlen Vergleichswerte des Schw. k. mit wenig unterschiedlichen effektiven Wellenlängen.

Die Schw. k. nach dem SEELIGERschen Gesetz entsprechen zwar in ihrem Verlauf den Werten nach LAMBERT, doch sind die Absolutwerte der Schw. k. nach SEELIGER erheblich größer und liegen z. T. bei 0,5 (bei SCHOENBERG gar bei 0,65).

Die SEELIGERsche Helligkeitsverteilung für die Oberfläche müssen wir aus dem Grunde verwerfen, weil sie mit der hohen Gesamtalbedo des Planeten nicht vereinbar ist, worauf auch schon BARABASCHEFF hingewiesen hat. Dies können wir aus folgender Betrachtung ersehen.

Um die Unklarheiten, die in der Definition der Albedo liegen, die immer von dem unbekannten Reflexionsgesetz abhängig ist, zu vermeiden, berechnen wir den von SCHOENBERG für solche Untersuchungen eingeführten Reflexionskoeffizienten in der Bestrahlungsrichtung. Diese Größe ist zwar nicht durch direkte Messungen der Zentralhelligkeit des Planeten Jupiter im Anschluß an die Sonne bekannt, kann aber, wie im Handbuch der Astrophysik, S. 82—85, aus der Totalhelligkeit des Planeten in Opposition (BONDsche Größe p) und der gemessenen Helligkeitsverteilung berechnet werden. SCHOENBERG legt dabei für die Helligkeit die Formel für $\alpha = 0$ $dq = kL (1 + \mu' \cos i)^2 \, ds$ zugrunde, wo $\mu' = 1,8$ und die Helligkeit des zentralen Teiles des Planeten $h_0^z = kL (1 + \mu')^2$. Die Integration ergibt für die gesamte von der Scheibe reflektierte Lichtmenge $kL \pi \varrho^2 f(\mu')$ und ist von SCHOENBERG numerisch ausgerechnet worden. Die BONDsche Größe p ist $p = \dfrac{q_0}{L \pi \varrho^2} = kf(\mu')$. Anderseits hängt die Helligkeit des Zentrums des Planeten h_0^z mit dem Reflexionskoeffizienten R in der Bestrahlungsrichtung durch die Gleichung zusammen $h_0^z = kL (1 + \mu')^2 = RL$. Hieraus ergibt sich $R = \dfrac{p}{f(\mu')} (1 + \mu')^2$. So fand SCHOENBERG mit dem

RUSSELLschen Wert $p = 0{,}375$ (der nur von der Beobachtung der Totalhelligkeit in Opposition abhängt und deshalb zuverlässig bekannt ist) $R = 0{,}585$. Dieser wäre nun entsprechend den Voraussetzungen mit der Absorption auf dem Hin- und Rückwege der Strahlen im Verhältnis e^{-2K_λ} ($\sec i = \sec \varepsilon = 1$) behaftet. Ohne Atmosphäre ergäbe sich somit für die Wolkenoberfläche des Jupiters als Reflexionskoeffizient in der Bestrahlungsrichtung $0{,}585 \cdot e^{2C_\lambda}$. Entnimmt man aus meiner Kurve (Abb. 3) C_λ für das SEELIGERsche Gesetz und die visuell wirksamen Strahlen zu $C_\lambda = 0{,}50$, so folgt für die Wolken der Jupiteroberfläche $R = 1{,}63$. Der Wert für den Reflexionskoeffizienten undurchsichtiger irdischer Wasserdampfwolken ist zu $0{,}78$ (als Höchstwert) bestimmt worden[1]). Hieraus folgt unzweideutig die Unmöglichkeit dieser Hypothese.

Ist das Reflexionsgesetz der Jupiteroberfläche selbst aber das LAMBERTsche oder ein ihm ähnliches, so können nur kleine Schw. k. C_λ mit einem überwiegenden, nach rot wachsenden Bestandteil reiner Absorption γ_λ den Beobachtungen genügen.

Daß die relative Streuung bei dem dunklen Jupiterstreifen größer ist als beim hellen Äquatorstreifen, stimmt gut mit der Annahme überein, daß die dunklen Streifen in einem höheren Niveau der Jupiteratmosphäre liegen, die man auch aus den durchweg kleineren Werten von C_λ für den dunklen Streifen ziehen muß. Über dem höheren Niveau der dunklen Streifen könnte man ja auch einen größeren Anteil reiner Rayleigh-Streuung durch Gase erwarten. Als Bestätigung dieser Tatsache kann auch die oben angeführte Beobachtung von SLIPHER angeführt werden, nach der die Bande bei 646 mμ im Spektrum des dunklen Streifens schwächer ist als im Spektrum des hellen Streifens.

Für die Anregung zu diesen Untersuchungen, für zahlreiche Ratschläge und das stets wohlwollende und fördernde Interesse an der vorliegenden Arbeit fühle ich mich Herrn Prof. Dr. SCHOENBERG zu großem Dank verpflichtet.

Literaturverzeichnis.

1. E. SCHOENBERG, Theoretische Photometrie, Handb. d. Astrophys. II, 1, 1929 und Enzykl. d. mathem. Wissensch. VI (B), 831, 1932. — 2. E. SCHOENBERG, Photometrische Untersuchungen über Jupiter und das Saturnsystem, Annales Academiae scientiarum Fennicae, Serie A, Tom XVI, Nr. 5 (Hel-

---

[1]) Handb. d. Astrophys. II, 1, 61/62.

sinki 1921). — 3. E. SCHOENBERG, Untersuchungen über die Atmosphäre des Planeten Venus, Sitzungsber. d. preuß. Akad. d. Wissensch., Phys.-math. Klasse 1931, XXI. — 4. N. BARABASCHEFF, Photographische Photometrie der Jupiterscheibe, Publ. of the Khardiv Astronomical Observatory, Vol. 3 und 4, 1933. — 5. N. BARABASCHEFF u. B. SEMEJKIN, Photographische Photometrie des Planeten Jupiter und Untersuchungen der Jupiter- und Saturnatmosphären, ZS. f. Astrophys. 8, 179, 1934. — 6. Wratten Light Filters, seventh Edition, Eastman Kodak Company, Rochester, New York 1925. — 7. P. SKOBERLA, Photometrisch-kolorimetrische Beobachtungen an Bedeckungsveränderlichen zur Untersuchung des NORDMANN-TIKHOFFschen Phänomens, Kl. Veröff. Breslau 5, 1935 u. ZS. f. Astrophys. 11, 1, 1935. — 8. V. M. SLIPHER, The spectra of the major planets, Lowell Obs. Bull. 42, 1909. — 9. V. M. SLIPHER, Spectrographic studies of the planets, Monthly Notices 93, 657, 1933. — 10. R. WILDT u. E. I. MEYER, Das Spektrum des Planeten Jupiter, Veröff. Göttingen 19, 1931 u. ZS. f. Astrophys. 3, 354, 1931.

Lebenslauf

Am 23. Februar 1909 wurde ich, Johannes Werner Plaetschke, als Sohn des Bankrendanten Erich Plaetschke und seiner Ehefrau Lydia, geb. Treu, in Breslau geboren. Von Ostern 1915 ab besuchte ich die Vorschule des Elisabethgymnasiums in Breslau, später das Magdalenengymnasium, an dessen realgymnasialer Abteilung ich im März 1928 die Reifeprüfung bestand. Vom Sommersemester 1928 bis Sommersemester 1932 studierte ich in Breslau und Greifswald Astronomie, Mathematik, Physik und Physikalische Chemie. Meine akademischen Lehrer waren in Astronomie: ten Bruggencate, Schoenberg und Stumpff; in Mathematik: Kneser-Breslau, Kneser-Greifswald, Rademacher, Radon, Reinhard und Süß; in Physik: Backhaus, Krüger, Mierdel, Reinkober, Schaefer, Seeliger und Steubing; in Physikalischer Chemie: Meyer und Suhrmann.

An der Breslauer Universitätssternwarte führte ich auf Anregung meines hochverehrten Lehrers, Herrn Professor Dr. Schoenberg, meine Doktorarbeit „Photographische Photometrie der Jupiterscheibe" durch, die ich im Juni 1939 beendete.

Am 19. Juli 1939 bestand ich das Examen rigorosum mit dem Gesamtprädikat „Gut".

MIX
Papier aus verantwortungsvollen Quellen
Paper from responsible sources
FSC® C105338

If you have any concerns about our products,
you can contact us on
ProductSafety@springernature.com

In case Publisher is established outside the EU,
the EU authorized representative is:
**Springer Nature Customer Service Center GmbH
Europaplatz 3, 69115 Heidelberg, Germany**

Printed by Libri Plureos GmbH
in Hamburg, Germany